知識ゼロからの宇宙入門

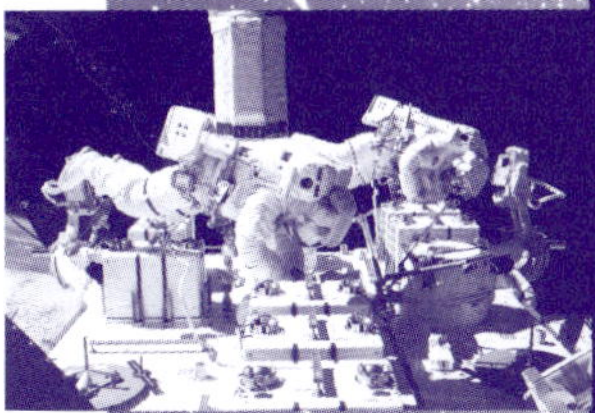

渡部潤一 監修
渡部好恵
ネイチャー・プロ編集室

A guide to space

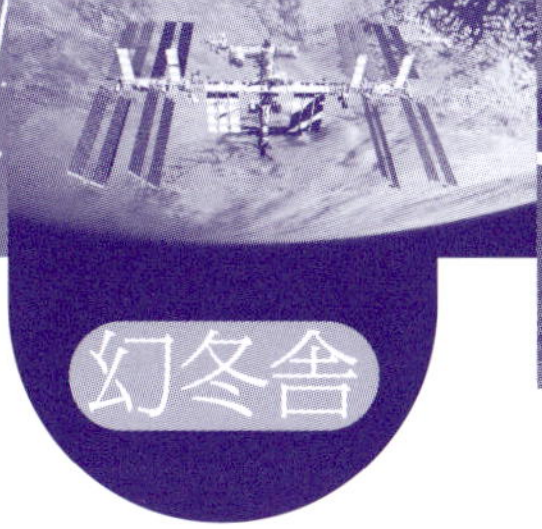

幻冬舎

福島英雄

はじめに

宇宙は好きですか？　そんな質問をすると、皆さんから結構、「ええ、好きですよ」という答えが返ってきます。でも、自分にはちょっと理解が難しいかな、と思って尻込みされる方も多いようです。なにしろ天文や宇宙は、理科の中でも最も難しいといわれている分野。これまで何となく興味はあっても、実際に本屋さんで、宇宙の本を手にとっては見るのだけれど、その難解さに、つい書棚に戻してしまった方もいるかもしれません。

本書『知識ゼロからの宇宙入門』は、そんな宇宙好きの方々のために編まれました。難しい数式やグラフを使わず、図版やイラストをふんだんに取り入れるとともに、最新の宇宙像の全

体を概観しています。太陽系、惑星、恒星、星雲、銀河、宇宙論、そして宇宙開発に至るまで、宇宙に関するあらゆる領域の基礎をカバーしつつ、最新の情報をしっかりと盛り込んでいます。

ほんの少しの知識があるだけで、同じ物事でもちょっと違った見方ができたり、あるいはとても深く理解できたりするものです。好きなだけの状態ではなく、ちょっとだけ系統的な知識を増やしておけば、テレビや新聞などで、宇宙に関する番組やニュースをご覧になったとき、その理解度も、そして感動も違ってくるものです。そんな新しい感動を味わってもらうためにも、少しだけ勇気を出して、本書を読み通して、宇宙に関する全体像を理解しておきませんか？

本書によって、皆さんが少しでも宇宙に近づき、その奥の深さと限りない魅力を知ってもらえれば幸いです。

国立天文台　渡部 潤一

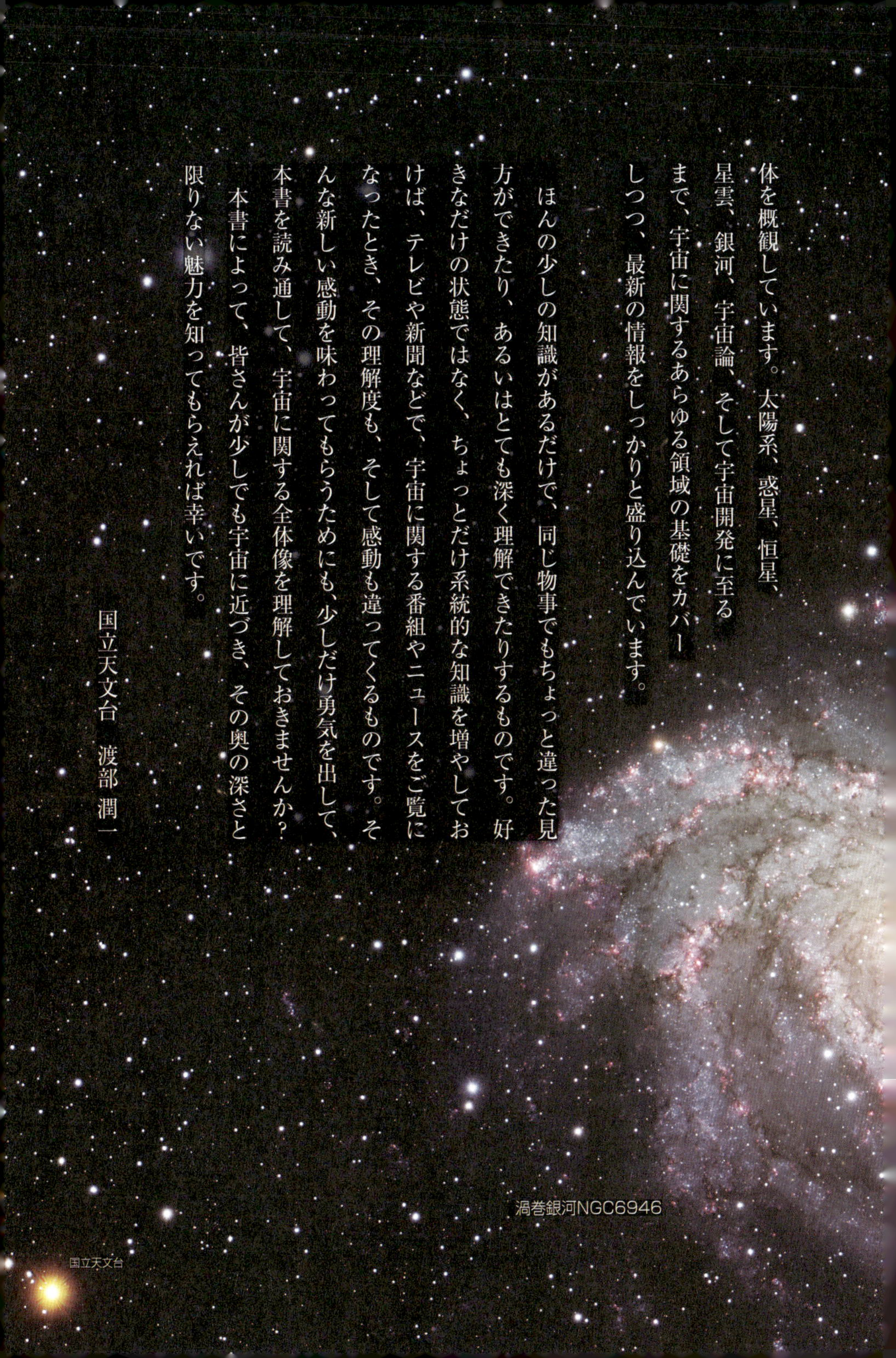

渦巻銀河NGC6946

国立天文台

contents

はじめに……2
宇宙に魅せられて……6
地球から銀河群まで……8

chapter 1
太陽と地球 月

太陽系の王者 太陽……10
エネルギーの源 太陽……12
太陽風がつくるオーロラ……14
地球 46億年の歴史……16
命の星 地球……18
地球に季節がある理由……20
月にうさぎが見えるわけ……22
自転しながら公転する月……24
月に隠された魅力……26
幻想的な日食と月食……28

chapter 2
私たちの太陽系

太陽系の仲間たち……32
太陽系の誕生……34
暑くて寒い水星……36
鏡のように輝く金星……38
巨大火山のある火星……40
第二の地球候補 火星……42
小さくても仲間が多い 小惑星……44
太陽になれなかった木星……46
ガリレオが発見した木星の衛星……48
環が魅力的な土星……50
個性的な土星の衛星たち……52
横倒しで回る天王星……54
一番遠い惑星 海王星……56
神話にまつわる惑星の名……58
太陽系とともに誕生 外縁天体……60
彗星の落とし物 流星……62

chapter 3
夜空に輝く恒星

自ら光り輝く恒星……66
意外に少ない星の数……68
崩れてゆく星座……70
踊る連星 気分屋の変光星……72
重さで決まる 星の一生……74
雲から生まれる赤ちゃん星……76
兄弟星の集団 散開星団……78
星を見分けるＨＲ図……80
星の終末 白色矮星……82
ドラマを生む 超新星爆発……84
宇宙の灯台 中性子星……86

chapter 4

銀河から宇宙の果てまで

宇宙の広がり……90
私たちのすみか 銀河系……92
ブラックホールをもつ銀河系……94
銀河系とその仲間たち……96
渦巻だけじゃない銀河の形……98
華やかなスター 活動銀河……100
銀河の群れ 銀河の集団……102
泡のような宇宙の形……104

chapter 5

宇宙の誕生と歴史

無から誕生した宇宙……108
夜空にひそむ 宇宙の歴史……110
一番星や銀河の誕生……112
闇の力が左右する 宇宙の未来……114

chapter 6

宇宙の探求

変わってきた宇宙の見方……118
ロケット開発から月への着陸まで……120
地上から宇宙から 宇宙の観測……122
太陽系の惑星を探る……124
宇宙に滞在 国際宇宙ステーション……126
これからの宇宙開発……128

chapter 7

宇宙を楽しもう

夜空を見上げよう……132
星を見つけよう……134
月を楽しもう……136
流れ星を見よう……138
「食」を楽しもう……140
プラネタリウムに行こう……142
公開天文台に行こう……144
ＨＰで宇宙にくわしくなろう……146
宇宙にまつわる遺跡に出かけよう……148

column

田ごとに映る月 ～広重の「田毎の月」～……30
恐竜を絶滅させたものは ～恐竜と隕石～……64
星をたよりに飛ぶ ～渡り鳥と星～……88
銀河鉄道の夜 ～宮沢賢治とサウザンクロス～……106
１３７億年目の今日 ～古事記と聖書と宇宙の歴史～……116
太陽にたよらない命 ～深海生物と地球外生命～……130
夜空を記す ～清少納言と藤原定家と星々と～……150

春に見られる天体……151
夏に見られる天体……152
秋に見られる天体……153
冬に見られる天体……154
南天で見られる天体……155
さくいん……158
画像クレジット／参考文献……159

宇宙に魅せられて

渡部 好恵
Yoshie Watanabe

この本は、宇宙の誕生から宇宙の未来までを、一冊にまとめて紹介しています。

空間と時間を合わせたものを、「宇宙」と呼んでいます。

森羅万象、すべてが宇宙のできごと。


「宇宙＝すべて」なのです。


宇宙を知っていくことは、世界のシステムを理解していくことです。

世界の全体像がつかめれば、そこからいろいろなことがわかります。

例えば、地球上に誕生した生命が、どうやって35億年以上生き継がれてきたのか。

なぜ、夏は暑く、冬は寒いのか。大切なのは、大きく全体をつかむことです。

星の魅力

それは、美と調和に満ちているところ。

天体の動きは無駄がなく、とてもシンプルで美しいものです。

動きが読めるため、これから先に起こる日食や月食の予測も正確にすることができます。

私が宇宙から感じることは、大きな流れです。

時間の流れ、光の流れ、たゆみない流れです。

その中にいることで、風に吹かれているような、すがすがしさを感じます。

（右上）マックノート彗星
（左）銀河団の衝突

NASA etc.→p.159

地球から銀河群まで

各章の扉のイラストは、それぞれの章に出てくる天体の大きさや天体間の距離を身近な数字に置き換えたものです。天体同士の関係は、以下のようになります。

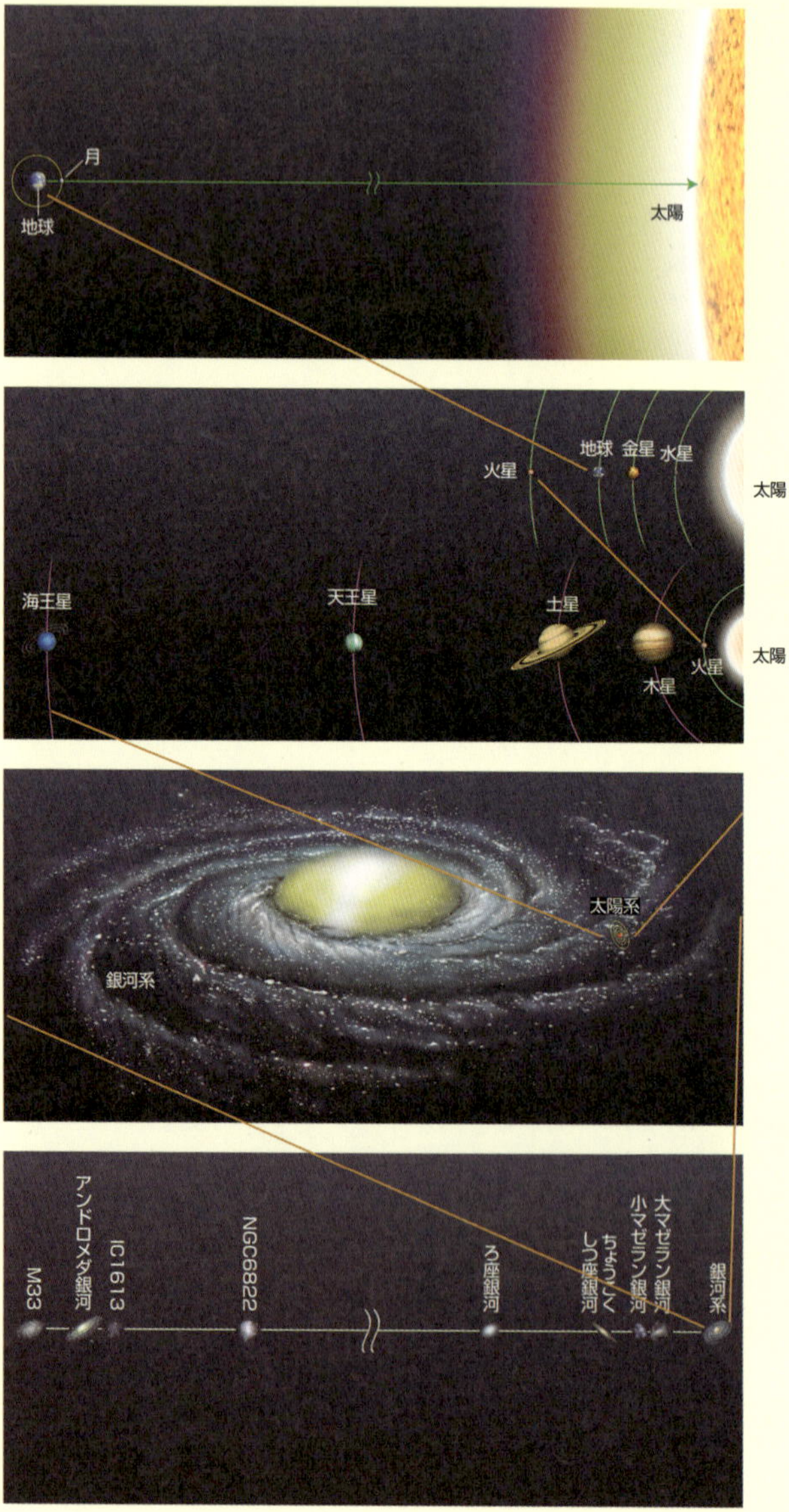

chapter

1 太陽と地球 月

もしも地球がピンポン玉だったら…

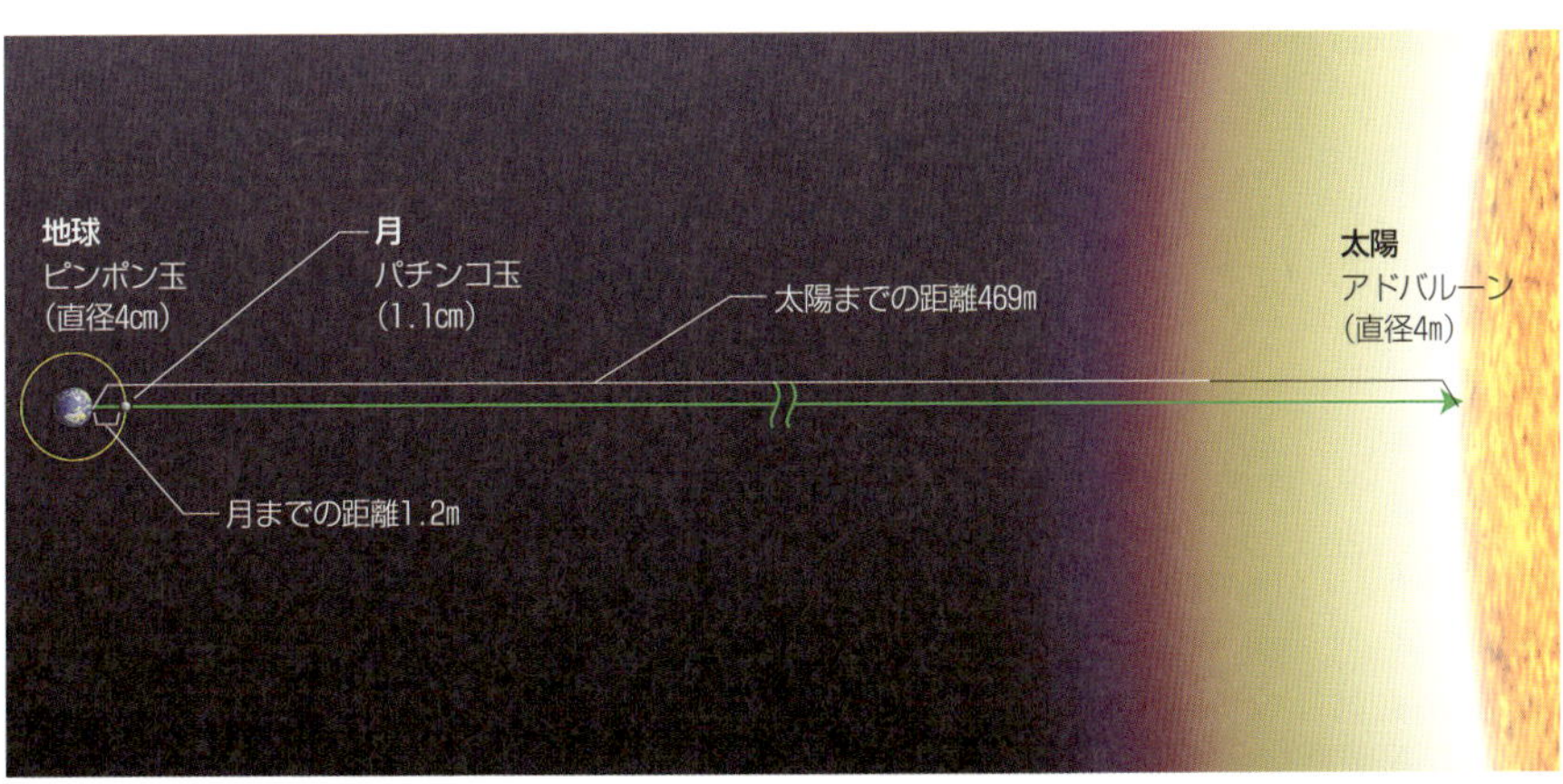

太陽系の王者　太陽

空に輝く太陽は、地面をもたないガスの塊です。
太陽の直径は、地球の約109倍もあります。
太陽を大玉スイカとしたら、
地球はスイカの種よりも小さいのです。
太陽は、奥深くにある中心部分でエネルギーを
つくっています。中心核の温度は1500万度、
圧力は2400億気圧です。
太陽から放出されているエネルギーを
キロワットで表すと、4の後に0を23個並べた、
途方もない数になります。
このうち地球に届くのは、約200兆キロワット。
100万キロワット級の原子力発電所が、
なんと2億基分です。

◉光球
ふだん見えている太陽の表面。温度は約6,000℃。
◉彩層
光球を覆う、太陽の大気。
◉コロナ
太陽表面を覆う希薄なガス。彩層の外側にあり、皆既日食のときに見ることができる。
◉コロナホール
コロナが薄い部分。ここから太陽風が出ると考えられている。

太陽のデータ

赤道の直径	139万2,000km（地球の約109倍）
質量	地球の約33万倍
自転周期	25.38日
自転軸の傾き	7.25°
惑星の数	8個

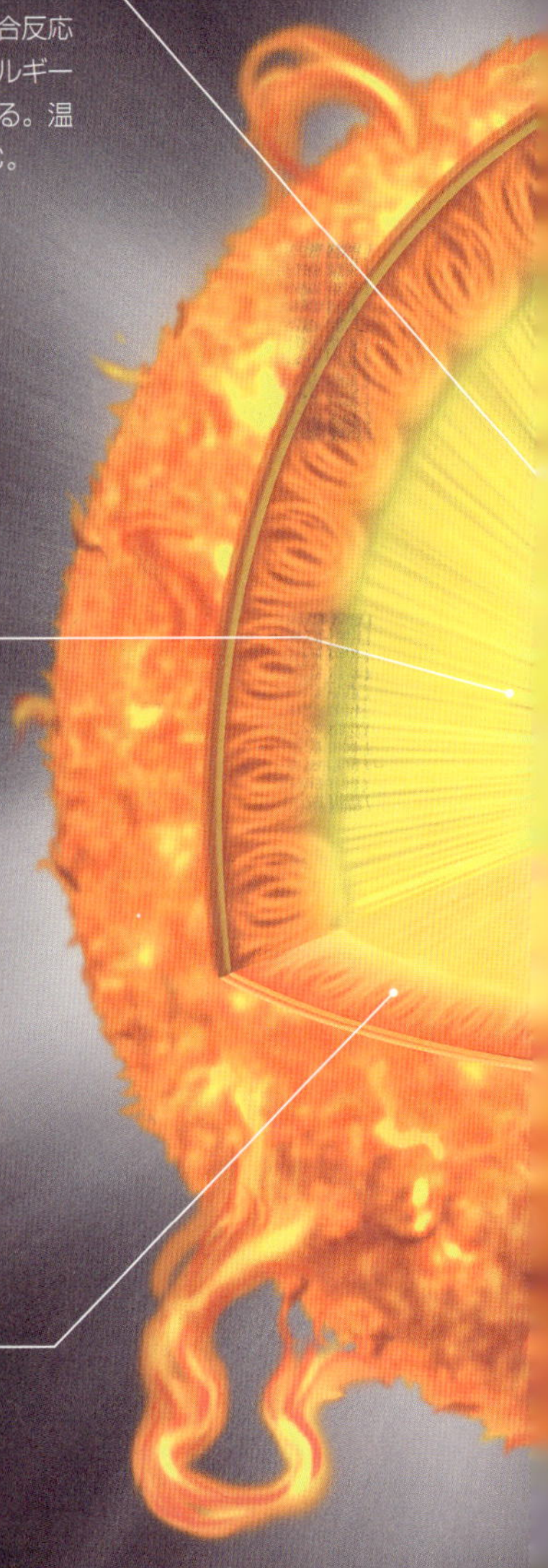

◉中心核

水素原子が核融合反応を起こし、エネルギーを生み出している。温度は1,500万℃。

◉放射層

中心核でつくられたエネルギーが、電磁波となって外へ出ていく。

◉対流層

高温のガスが上昇と下降を繰り返し、エネルギーを外に伝えている。

エネルギーの源 太陽

太陽のエネルギーは、太陽の中心でつくられています。
地球へ届くのは、太陽から出た光のたった20億分の1です。

太陽からの光は、８分間で地球に到達して、地球を照らし暖めます。その光は、太陽の内部にある直径20万キロメートルの中心核でつくられています。中心核は１５００万度、２４００億気圧もの高温高圧の場所で、４つの水素原子核が１つのヘリウム原子核に変わる、核融合反応が起こっています。これが太陽のエネルギー源です。

中心でつくられた光は、40万キロメートルの放射層と20万キロメートルの対流層を数十万年以上かけて通り抜けて、太陽の表面に出ます。そして、太陽風に乗って宇宙空間へと旅立つのです。旅立った光の20億分の１が地球に届きます。

太陽は１秒間に水素を４２０万トン消費し、エネルギーを生み出しています。太陽１日分で、今までに人類が使ったすべてのエネルギーをまかなえてしまうほどです。それでも太陽はあと50億年間、光り続けます。

太陽の活動は約11年周期で、強弱のリズムを刻んでいます。活動が活発なときには、黒点が多く現れます。黒点は、磁場が強いため熱が伝わらず、低温となって黒く見える現象です。また、大気（彩層）には、爆発現象のフレアや炎の雲プロミネンスが多く見られるようになります。

太陽の活動リズムは、時々変わります。最も近い周期は12年を超えました。現在、リズムは変わり始めたようです。

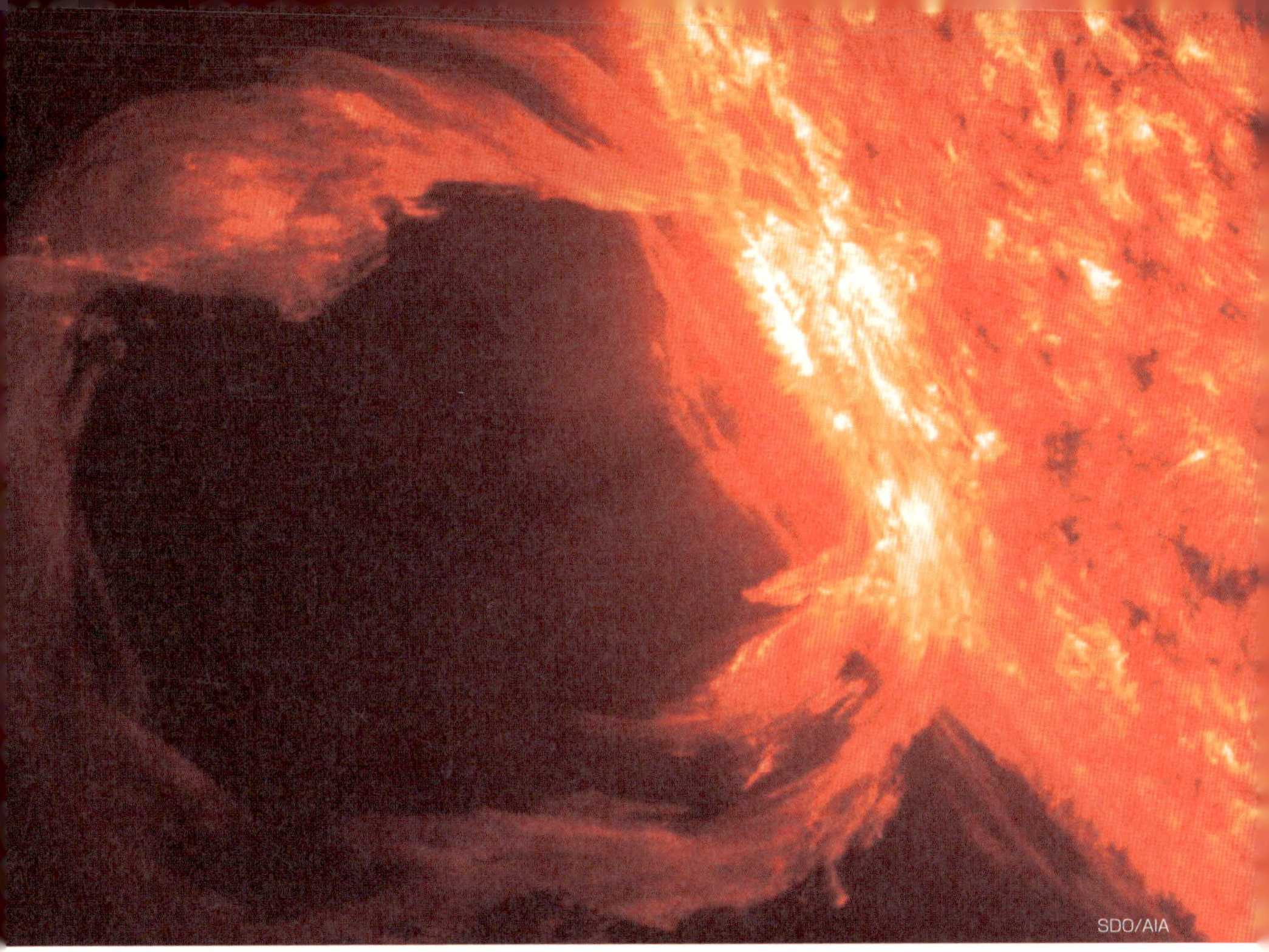

◎プロミネンス

▲太陽の表面から噴き上がる、水素ガスの雲。

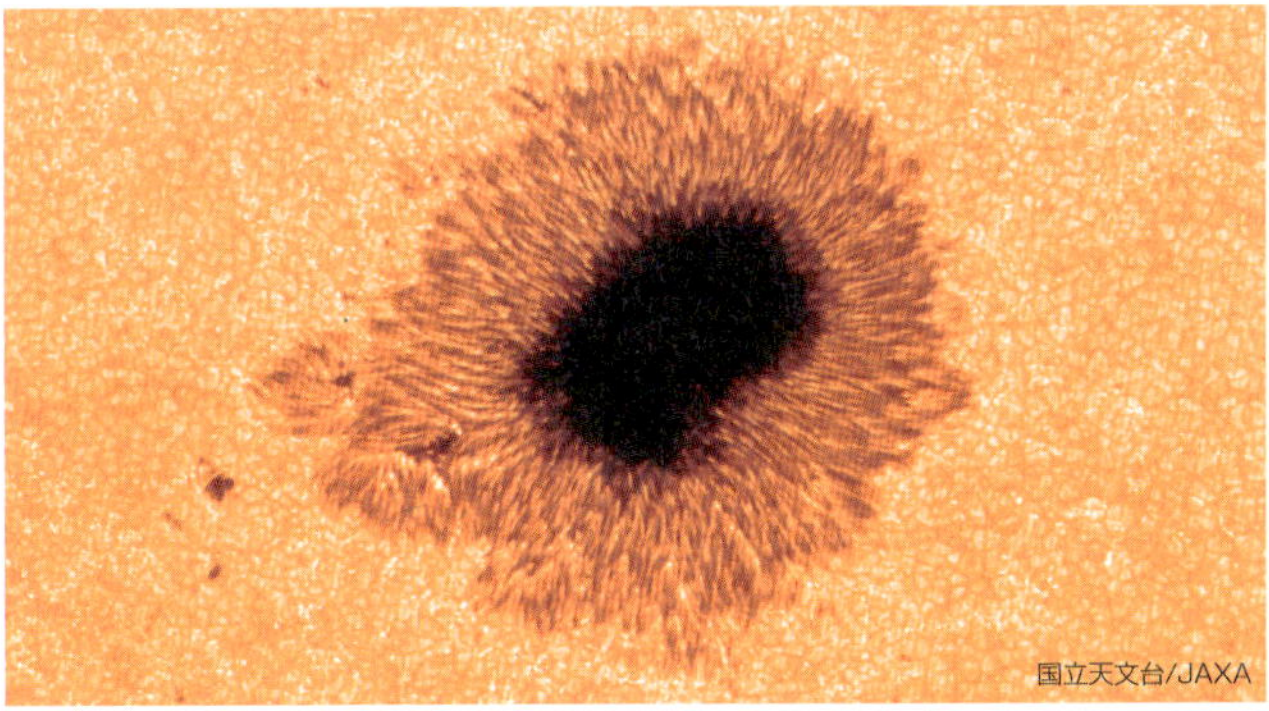

◎黒点

◀温度がまわりより低く、黒く見える部分。

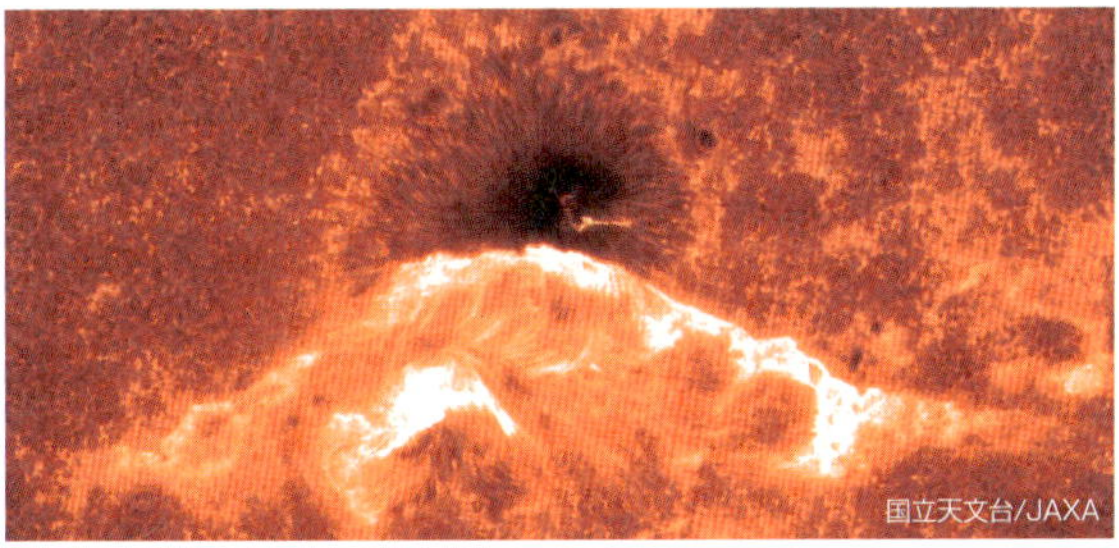

◎フレア

▶太陽の表面で起こる爆発。

太陽風がつくるオーロラ

地球は巨大な磁石です。オーロラは、太陽風の電子が地球の磁場の窓を通り抜け、大気にぶつかって光る現象です。

地球は、北極と南極が磁力線でつながった、巨大な磁石になっています。地球の地下３０００キロメートルより下の外核と呼ばれる場所には、液体状の鉄が動いています。鉄が動くと、電流が流れます。これをダイナモ運動といいます。地球は、自家発電をしているのです。この電流が、地球に磁場を生み出しています。

北極と南極から出ている磁場は、地球の直径の数十倍も先まで広がり、宇宙から降り注ぐ宇宙線や太陽風から地球を守ってくれています。

地球の磁場は、現在は北がＳ極で南がＮ極ですが、Ｓ極とＮ極は平均すると数十万年ごとに入れ替わります。

●●●

オーロラは、太陽風の電子が地球の磁場に沿って、南極や北極の上空に集まり、大気中の酸素や窒素とぶつかって起こる発光現象です。電子が酸素原子とぶつかると赤や緑、窒素分子とぶつかるとピンクの色に光ります。

オーロラの色は、光る高さによっても変わります。カーテン状のオーロラは、低いところは緑色、高いところは赤色です。

●●●

空の高いところに現れる赤いオーロラは、遠く離れた日本からでも、見えることがあります。宇宙から見るオーロラは、環《わ》になって見えます。宇宙ステーションは、オーロラをくぐりぬけることもあるそうです。

宇宙から見たオーロラ。国際宇宙ステーションから撮影。

地球から見たオーロラ。フィンランドで撮影。

◎太陽風と地球の磁気圏

太陽からは、電気を帯びたガスが絶えず噴き出している。これを太陽風という。太陽風は地球の磁気圏（磁場が及ぶ範囲）にぶつかると、エネルギーが弱まる。オーロラは、太陽風などが磁場の窓を通り抜けて、地球の大気にぶつかって起こる。

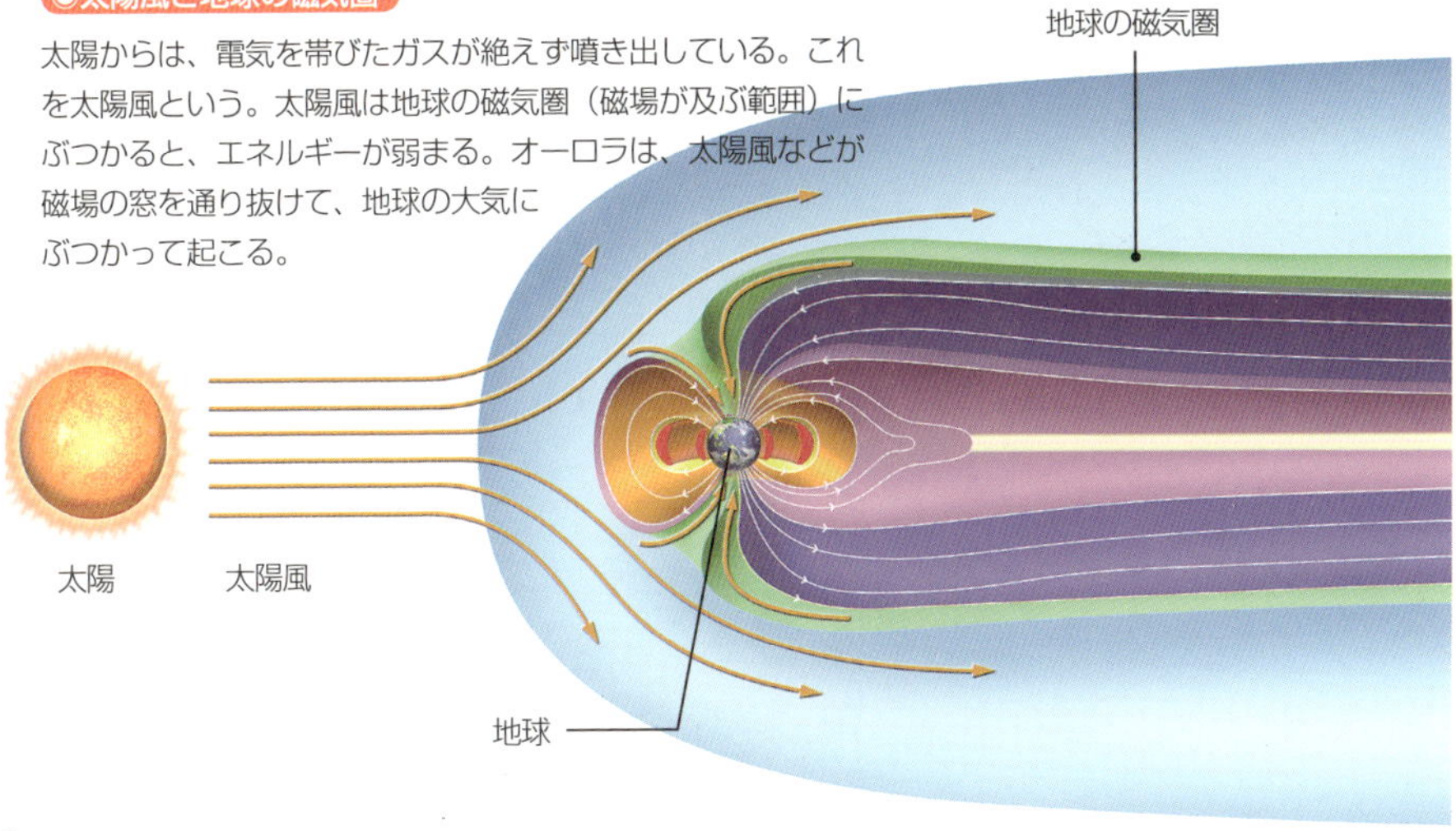

地球 46億年の歴史

生まれたての地球は、熱い塊でした。
全球の凍結や熱帯化を繰り返し、今日の姿になりました。

地球は46億年前に、宇宙を漂う雲から生まれました。生まれたての地球は、「マグマ・オーシャン」と呼ばれる、溶けたマグマで覆われていました。どろどろの熱い地球は、二酸化炭素や水蒸気でできた、厚い原始大気に包まれていました。やがて地球が冷え始めると、大気中の水蒸気は豪雨となって降り続け、海をつくっていったのです。

その頃の太陽の輝きは、今より２割ほど弱かったようです。そのため、25億年前から５億年前まで、地球の平均気温はマイナス40度で、海の表面から深さ１キロメートルほどまで凍る全地球凍結現象が繰り返し起こっていました。「スノーボール・アース」と呼ばれています。凍った地球では、火山が放出する温室効果ガスが一定値を超えると、氷が溶け始め、今度は平均気温が60度の熱帯化が起こりました。その後も地球は気温の変動を繰り返し、約１万年前には現在の気温に近い状態に落ち着きました。

地球の中心には、約６０００度もの高温な核があります。太陽の表面とほぼ同じ温度です。高温の核は、岩石でできた厚いマントルで囲まれており、マントルは、十数枚に分かれた硬い岩石のプレートで覆われています。プレートは海底で生まれ、地球の内部の熱の対流によって年に数センチ動き、大陸にぶつかるともぐりこんで、海溝をつくります。大陸の姿はプレートに乗って、現在も変化し続けています。

◉地球の歴史

46億年前

誕生したばかりのころは、マグマ・オーシャンで覆われていた。

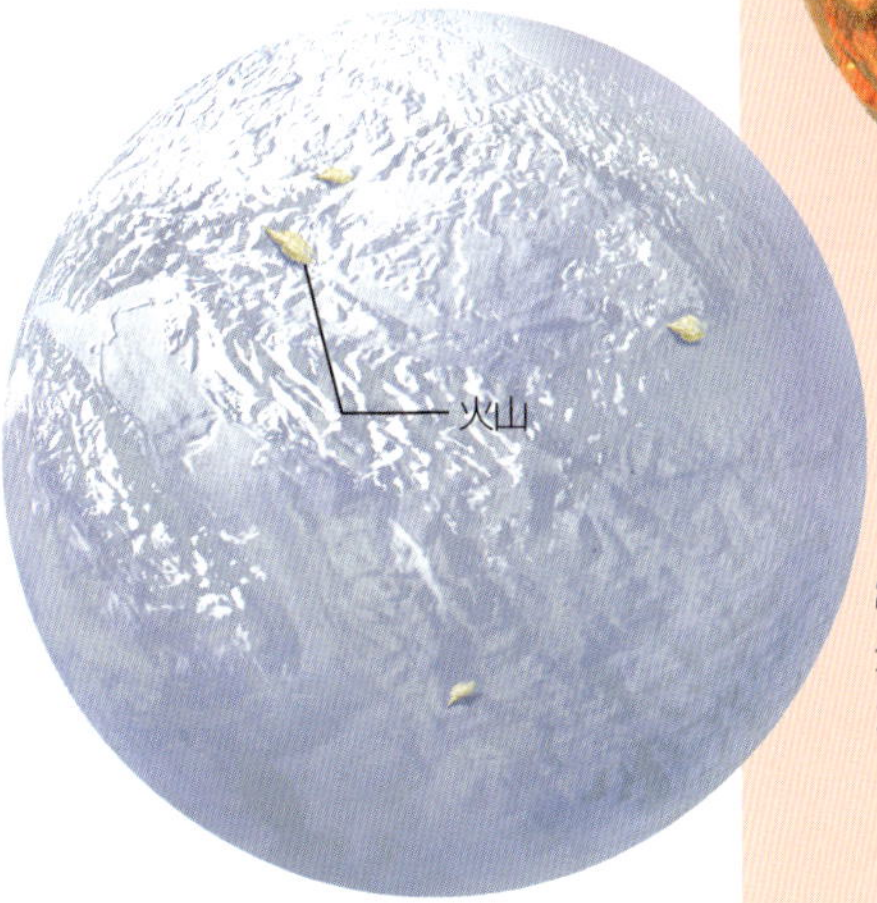
火山

25億年〜5億年前

全球が凍るスノーボール・アースが繰り返し起きた。

NASA etc.→p.159

現在の地球

変化は今なお続き、現在は「新世代後期氷河時代」と呼ばれている。

地球のデータ

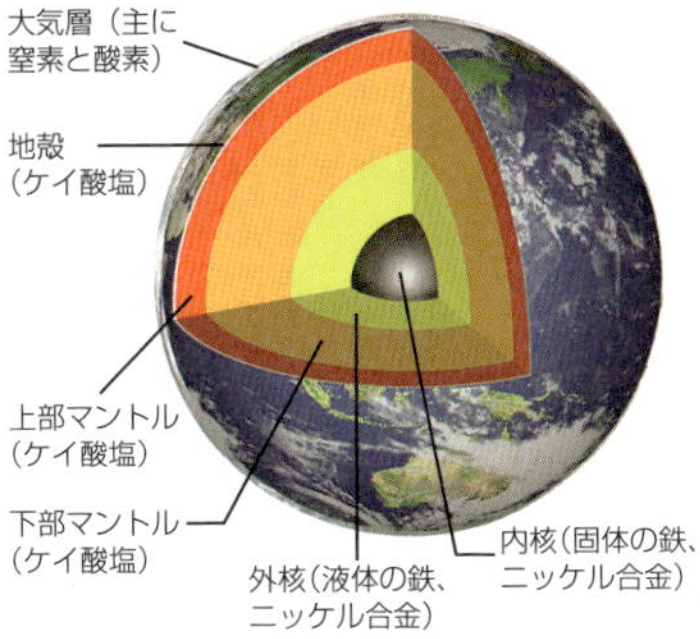
大気層（主に
窒素と酸素）
地殻
（ケイ酸塩）
上部マントル
（ケイ酸塩）
下部マントル
（ケイ酸塩）
外核（液体の鉄、
ニッケル合金）
内核（固体の鉄、
ニッケル合金）

太陽からの平均距離	1億4,960万km
赤道の直径	1万2,756km
質量	5.974×10^{24}kg
公転周期	365.26日
自転周期	23時間56分
自転軸の傾き	23.44°
衛星の数	1個

命の星 地球

地球に生命が生まれたのは、
今から35億年以上前です。
生命は海から生まれ、酸素も海の
藍藻類がつくり出しました。

11月23日（5億年前）
魚類の出現

11月18日（5億4,000万年前）
海中で生物が爆発的に進化（カンブリア紀の爆発）

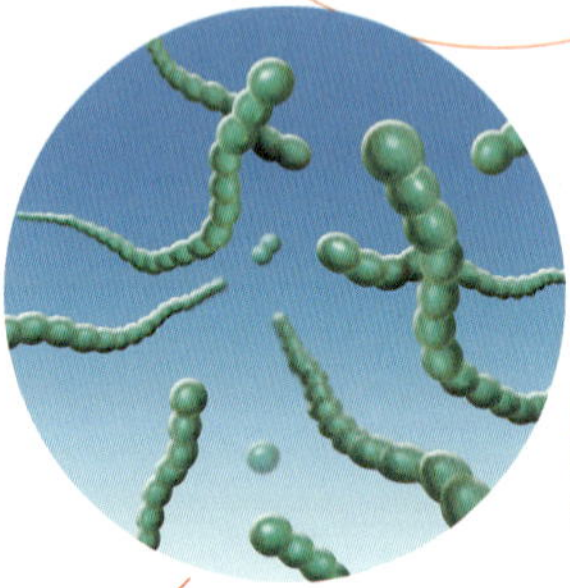

3月29日（35億年前）
酸素を生み出す
藍藻類の出現

◉地球カレンダー

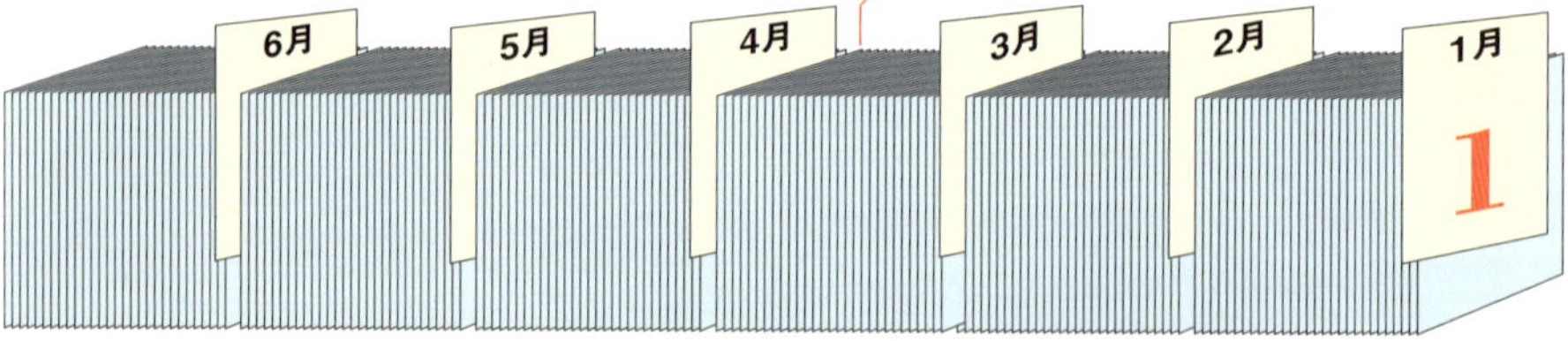

生まれたての地球は、劇的な温度の変化や降り注ぐ紫外線などによって、生命に適した世界ではありませんでした。

生命誕生に必要なものは、3つあります。大気、液体の水、有機物です。地球には大気があり、大気の重みによって海は保たれ、海の中には生命をつくる有機物が溶けています。海は、母なる地球の羊水となったのでしょう。海の中で有機物は生命になり、成長していったのです。現在も、地球の海には、陸上よりもたくさんの生物が生きています。

35億年前から、海の中に生命がいたことは、化石の発見からわかっています。おそらく38億年前には、原始生命が誕生していたのでしょう。その頃の大気は、現在の1000倍

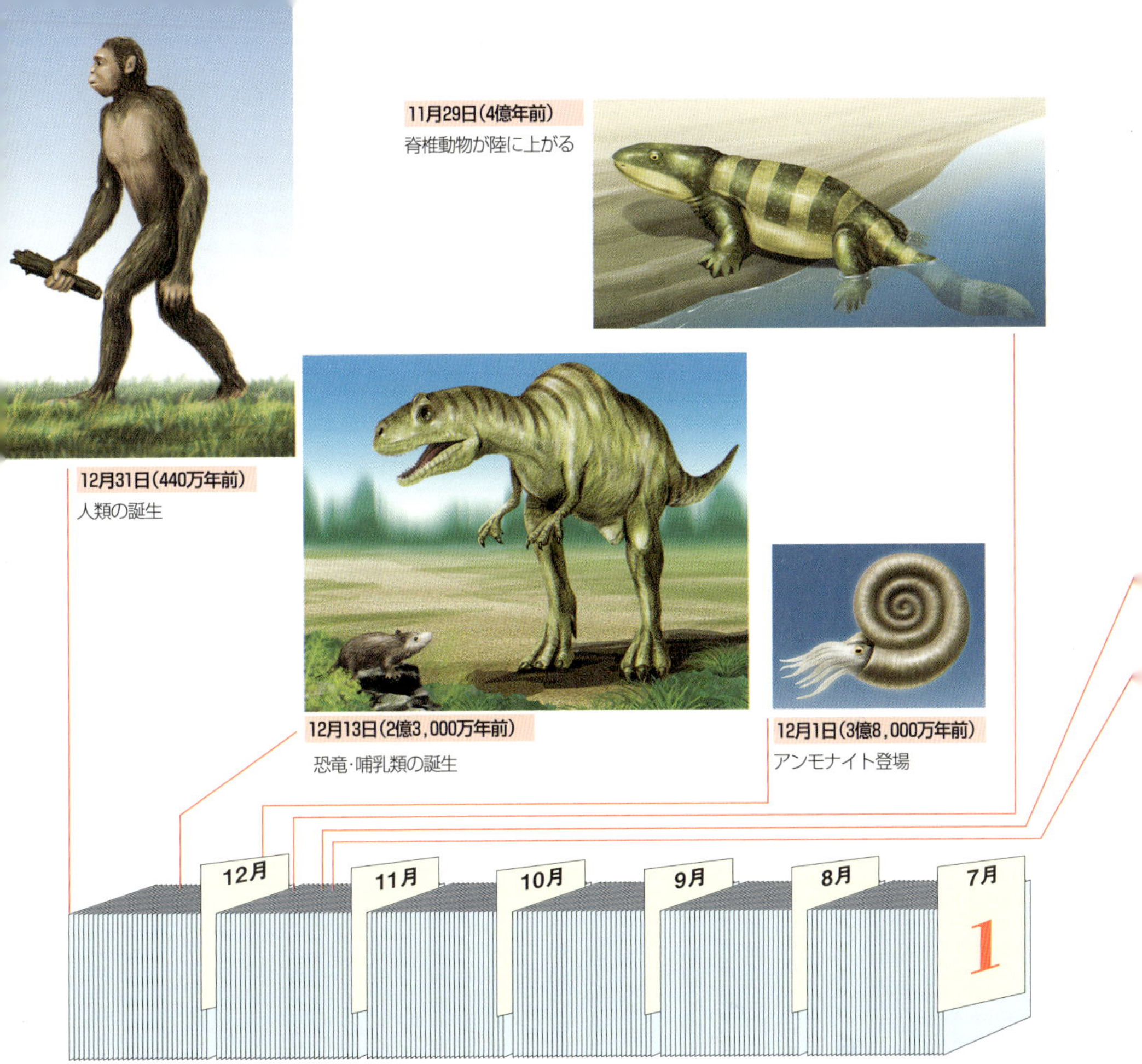
11月29日(4億年前)
脊椎動物が陸に上がる
12月31日(440万年前)
人類の誕生
12月13日(2億3,000万年前)
恐竜・哺乳類の誕生
12月1日(3億8,000万年前)
アンモナイト登場
12月
11月
10月
9月
8月
7月
1

以上の二酸化炭素を含んでいました。オゾン層もありませんでした。スノーボール・アースの時代は、深海で海底火山が生命を育てていました。

35億年前、海中の藍藻類が大気に酸素を放出し始めました。酸素は大気にオゾン層をつくり、生命に有害な紫外線を吸収するようになりました。そして、4億年前には酸素で呼吸する生物が陸に上がっていったのです。

その遠い子孫である人間は、海から生まれた記憶をたどるように、羊水の中で形を成し、体内の70%近くを水で満たして生まれてきます。

地球に季節がある理由

**地球に季節があるのは、地球が自転軸を23度傾けて、
太陽のまわりを1年かけて回っているからです。**

地球と太陽の距離は、年間を通してほとんど変わりません。それなのに、夏は暑く冬は寒いのはどうしてでしょうか。

夏の太陽を思い出してください。太陽は早く昇り、遅い時間に沈んでいきます。夏は日照時間が長いために、冬より暖かいのです。

太陽が出ている時間の差は、太陽の空の通り道が冬と夏では違うことから生まれます。夏の太陽は、天頂近くを通ります。6月の夏至の正午には、東京では太陽高度は78度とほぼ真上から地上を照らします。12月の冬至の正午には、31度と斜めから地上を照らします。光は真上から照らすと強く、斜めから照らすと広がって弱くなります。夏は強い光に長時間照らされるので、暑いのです。

太陽の通り道が、季節によって違うのは、地球が23度傾いて自転しているからです。傾きが太陽に向いている夏の太陽は真上を通り、傾きが太陽と反対を向いている冬は、太陽は低いところを通ります。

自転軸の頂点にある北極では、夏は太陽が沈まず、冬は太陽が昇りません。赤道直下では、自転軸の傾きの影響が少なく、太陽がほぼ真上から当たり、一年中暑くなります。

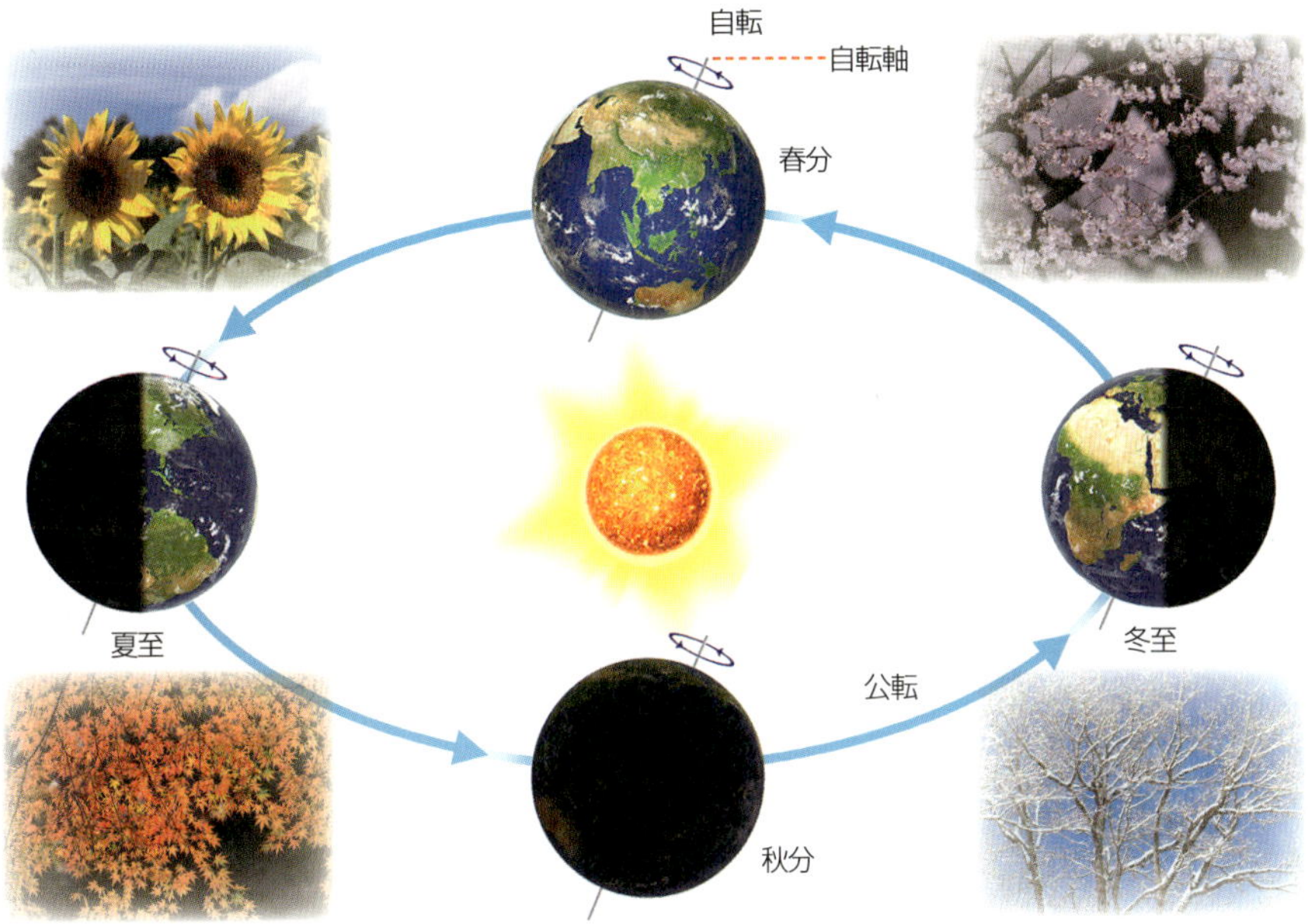

◎地球の公転と四季　地球は自転軸を傾けながら太陽のまわりを公転しているため、公転している間に太陽の光の当たり方が変わり、四季が生まれる（上の図の四季は、北半球の場合）。

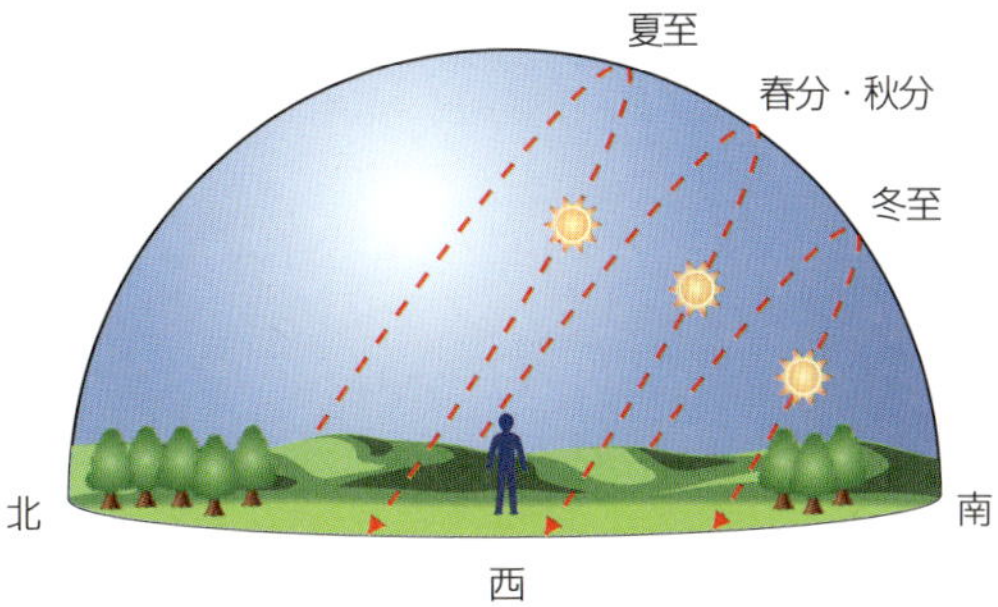

◎季節と太陽の高さの変化
夏至には、太陽が空の最も高いところを通り、昼が一番長くなる。反対に冬至には、太陽が最も低いところを通り、昼が一番短くなる。

1月は太陽に近くなる？

太陽と地球の距離は、実際は年間で少し変化があります。地球が太陽に一番近づくのは１月で、その距離は１億4,700万kmです。一方、一番遠ざかるのは７月で、その距離は１億5,200万kmです。太陽から遠い７月が暑いのは、不思議な気がしますね。太陽から一番遠いときは、受ける熱エネルギーも６％ほど低くなりますが、自転軸の傾きによる季節の変化の方が影響が大きいため、７月は暑いのです。

月にうさぎが見えるわけ

月の表面には、うさぎが餅をついている姿に見立てられる模様があります。この模様は、黒い岩でできています。

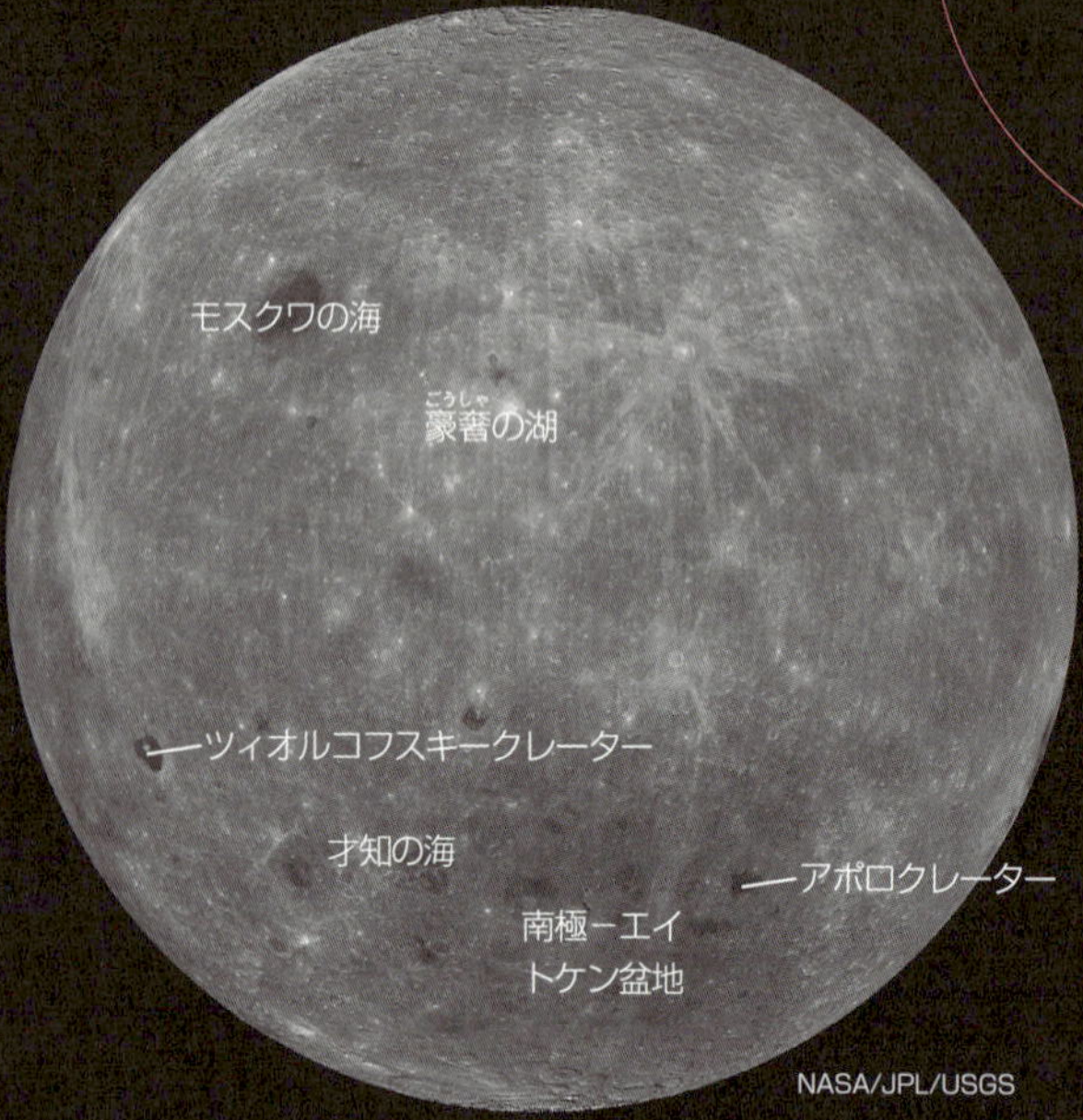
モスクワの海
豪奢《こうしゃ》の湖
ツィオルコフスキークレーター
才知の海
アポロクレーター
南極－エイトケン盆地

NASA/JPL/USGS

◉月の裏側

黒い部分を海、白い部分を高地と呼ぶ。クレーターにもそれぞれ名前がついている。

地球のまわりを回る、ただひとつの衛星、月。月はどのようにできたのでしょう？

月は約45億年前に、大きな天体が地球に衝突したことによってできました。衝突で飛びちった地球のかけらとぶつかった天体のかけらが合体して、月は誕生したのです。「ジャイアント・インパクト説」と呼ばれています。

現在、月と地球の距離は平均で38万キロメートル。誕生時はその10分の1以下の近さにあったようです。

月の表面には黒い模様が見えています。日本では、うさぎの餅つきに見立てますが、ほかの国では、蟹の姿や女性の横顔に見立てられています。

月には多くのクレーターがあります。誕生したころ、たくさんの隕石がぶつかってできたのです。月は水や大気の影響を受け

◉うさぎの餅つき

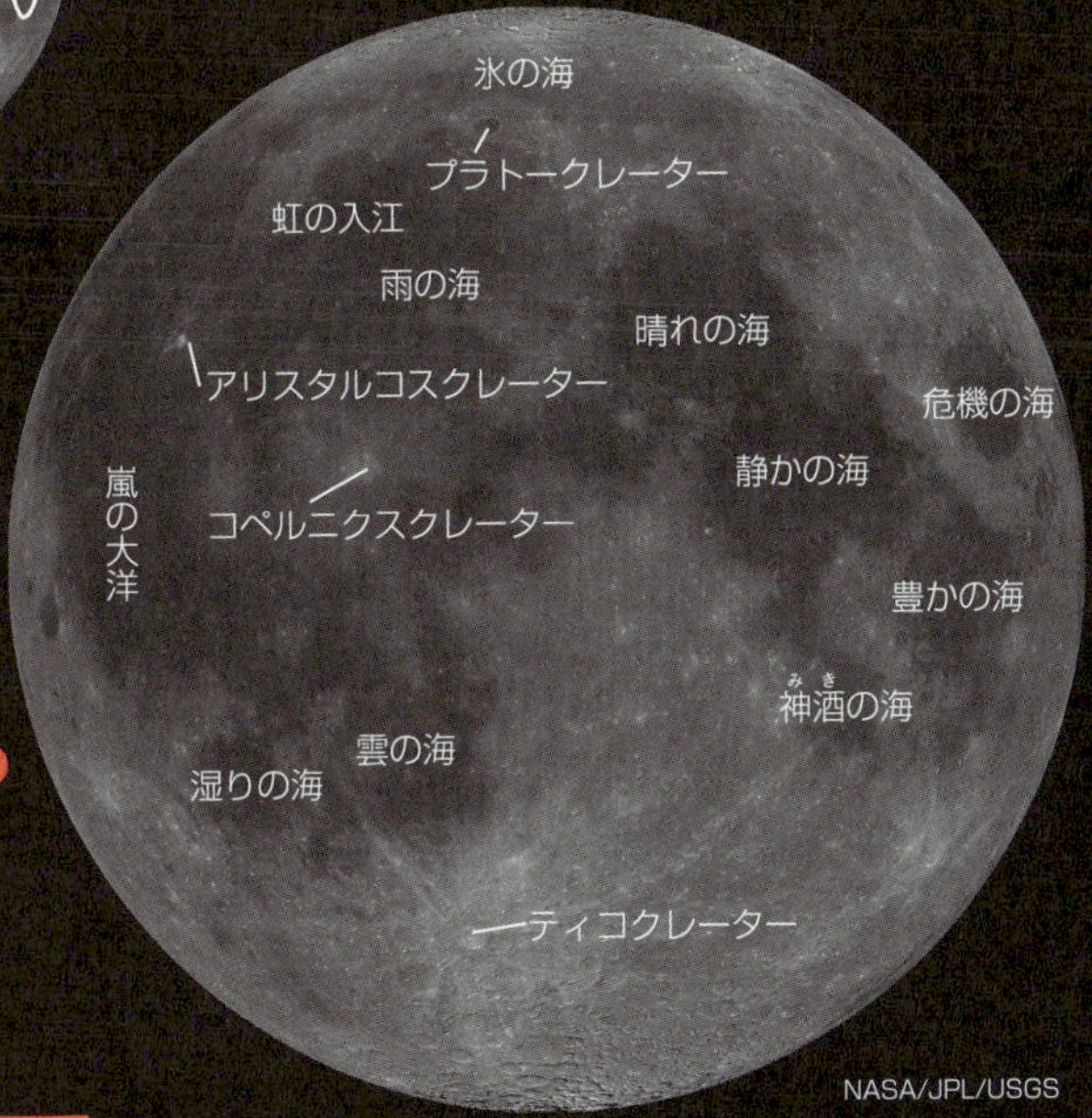
氷の海
プラトークレーター
虹の入江
雨の海
晴れの海
アリスタルコスクレーター
危機の海
静かの海
嵐の大洋
コペルニクスクレーター
豊かの海
神酒《みき》の海
雲の海
湿りの海
ティコクレーター

◉月の表側

NASA/JPL/USGS

月のデータ

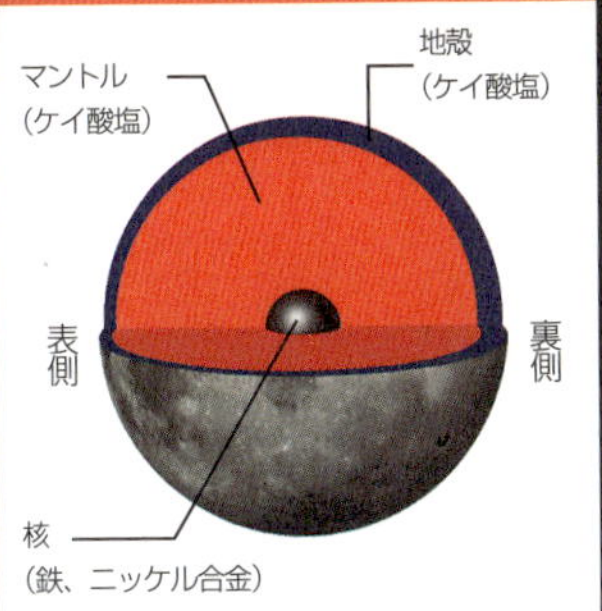
マントル
（ケイ酸塩）
地殻
（ケイ酸塩）
表側
裏側
核
（鉄、ニッケル合金）

地球からの平均距離	38万4,400km
赤道の直径	3,476km（地球の約４分の１）
質量	地球の約81分の１
公転周期	27.3217日
自転周期	27.3217日
自転軸の傾き	6.67°

ないので、クレーターはそのまま残っています。白く見えているところは「高地」と呼ばれ、クレーターや山があります。斜長岩という白い岩でできています。模様に見える黒い場所は「海」と呼ばれ、比較的滑らかな平地です。玄武岩という黒い岩でできています。多くのクレーターが月の内部から出てきた溶岩で埋め立てられてできたと考えられています。

月の裏側は、地球からは見ることができませんが、「海」はほとんどありません。

自転しながら公転する月

月はいつも同じ面を地球に向けて、地球のまわりを回っています。
地球を公転しながら、同じペースで自転しているからです。

月の姿は、日々変わります。真っ暗で見えない新月は、太陽と同じ方向にいます。新月から3日目の三日月は、太陽が沈んだ後、太陽を追うように西に沈んでいきます。月は日々膨らみ、15日目には満月になります。満月は太陽が沈むと、すぐに反対の東から昇ってきます。地球をはさんで、太陽と月が向き合っているからです。

地球から見る月は、いつも表面（表側）です。月は自転していますが、地球にいつも同じ面を向けながら回るため、地球からは裏側を見ることはできません。地球を約27日でひと回りする間に、月は1回自転しているのです。月の表側が、月の裏側より重かったため、地球に引かれる月は、重い面を地球に向けて安定しました。

月と地球の引き合いは、潮の満ち干を起こします。海は1日に2回ずつ、満潮と干潮を繰り返しています。

月に引かれて海がもち上がるため、太陽と月と地球が一直線に並ぶ新月と満月のときは、太陽の力も加わって、海は大きく楕円に膨らみます。これを「大潮」と呼びます。世界で一番潮の差が激しい、カナダ東岸のファンディ湾では、海面が15メートルも上がるそうです。

月と地球の引き合いは、地球の自転を遅くし、月を地球から年に約3センチずつ離しています。

◎月の位置と見え方

月はいつも太陽に照らされて、半分だけ光っている。地球のまわりを公転しているため、地球からは満ち欠けして見える。

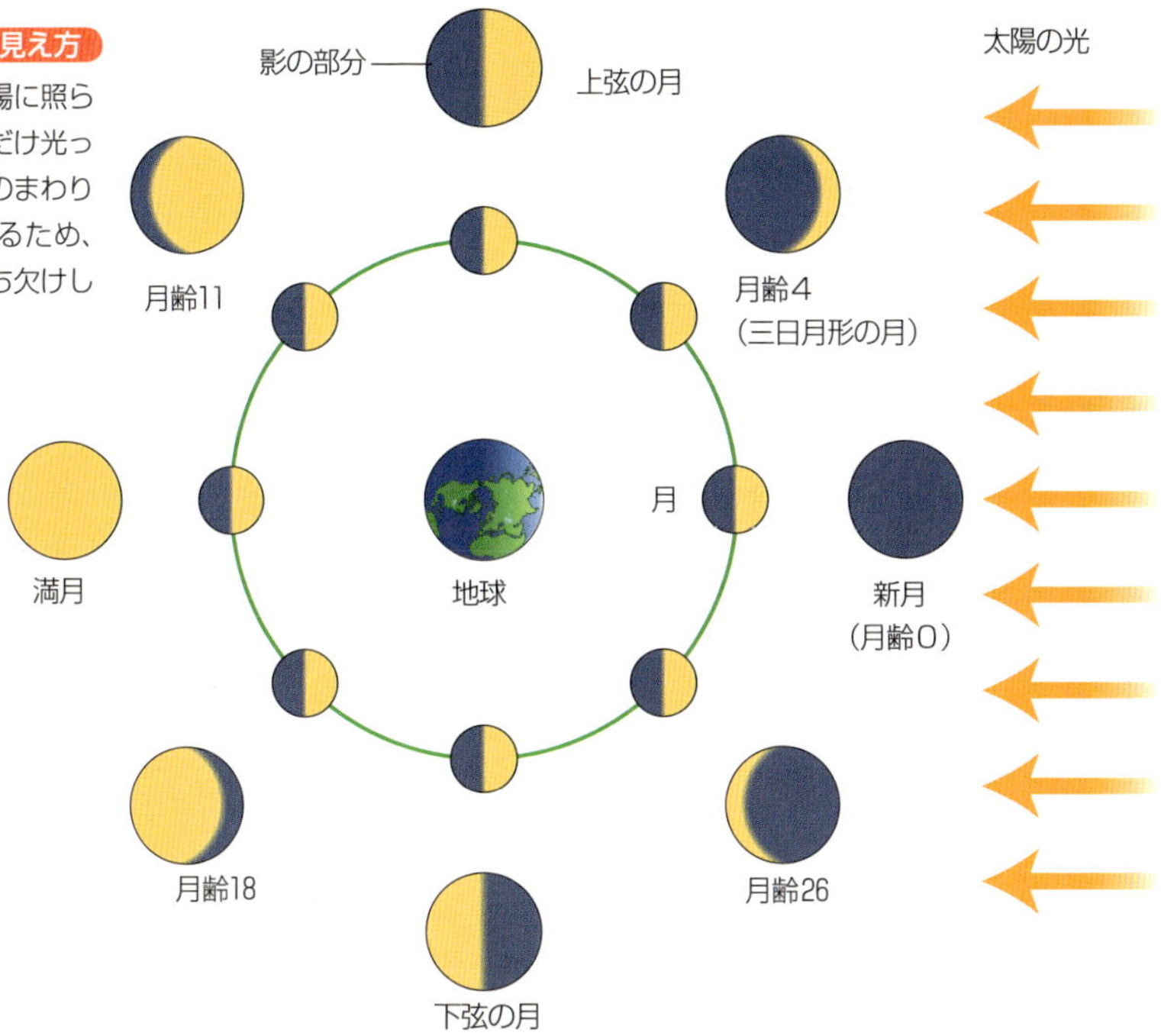

影の部分
上弦の月
太陽の光
月齢11
月齢4
（三日月形の月）
満月
地球
月
新月
（月齢0）
月齢18
月齢26
下弦の月

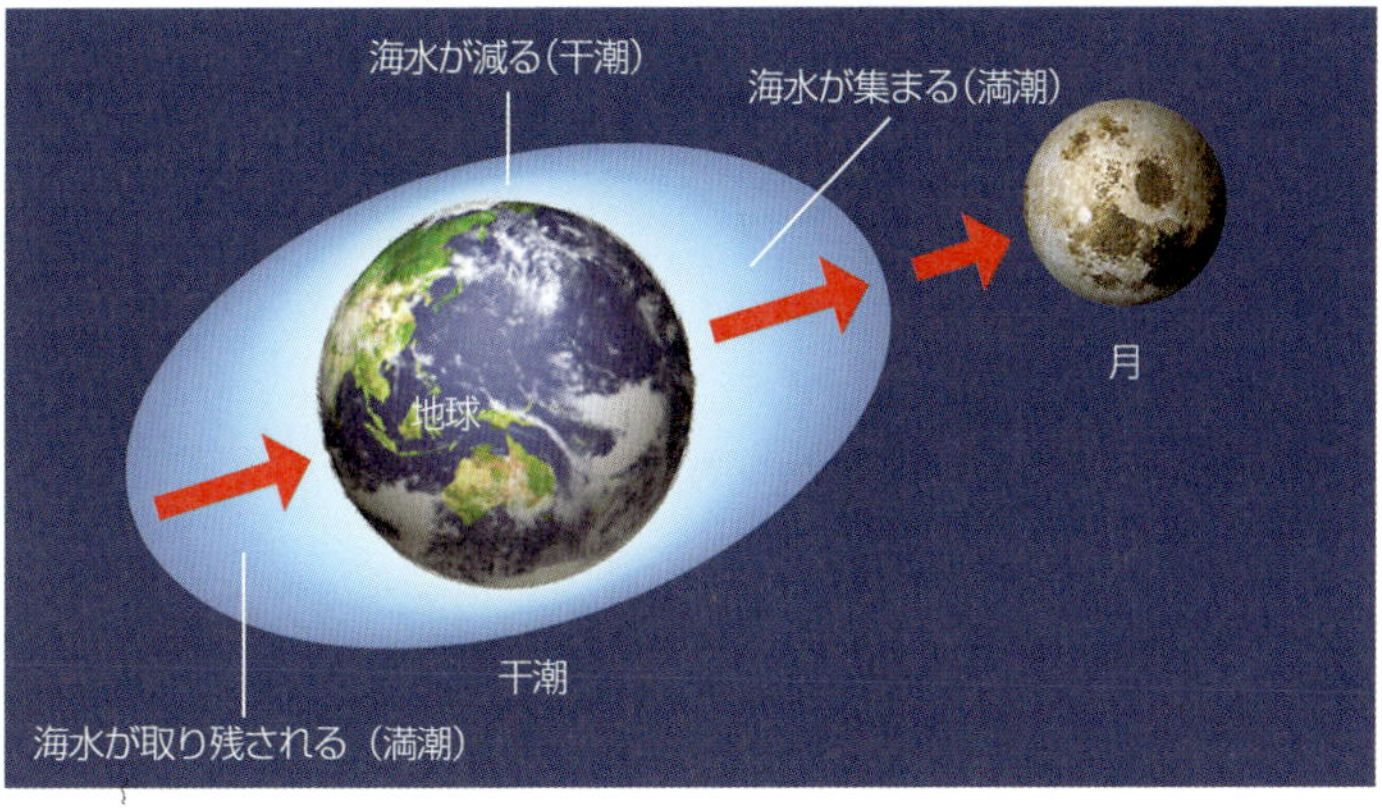

海水が減る（干潮）
海水が集まる（満潮）
月
地球
干潮
海水が取り残される（満潮）

◎潮の満ち干

満潮と干潮は、１日に2回ずつある。

旧暦は月の暦

日本では1872（明治５）年まで、太陰太陽暦（旧暦）が使われていました。旧暦は、月の満ち欠けで日を数える暦です。29日と30日が交互にくるようにつくられ、１年が354日となるため、365日でひと巡りする太陽に合わせて、約３年に１度、１年を13ヶ月としていました。

月に隠された魅力

月には、地球にはない魅力があります。ひとつは重力の小ささ、もうひとつは月に埋もれている新エネルギーです。

月は、世界中の人から親しまれています。同じように、月からも青い地球を楽しむことができます。月の大きさは地球の約４分の１ですから、月から見た地球は、私たちが見る月の約４倍の大きさで空に見えます。人類は今まで多くの宇宙船や探査機を月に送りましたが、いつか、月に住むようになるのでしょうか。

月には、地球にはない魅力があります。ひとつは、月の重力が地球の６分の１と小さいことです。月に行けば体重は６分の１に減ります。足腰が弱っても楽に過ごせるのです。重力が小さい月からは、宇宙に飛び出すエネルギーも少なくて済むので、宇宙基地には最適です。大気もないので、天体観測にも適しています。

もうひとつの魅力は、核融合の燃料となるヘリウム３があることです。月の土壌に大量に含まれているヘリウム３は、新エネルギーの候補です。ヘリウム３の核融合反応は、エネルギー効率がすばらしく、放射性廃棄物も出ません。ヘリウム３は、太陽から放出される太陽風に乗って、長い年月をかけて月の上に大量に降り積もったものです。

地球では、大気が太陽風をはね返すので、ヘリウム３を採ることはできません。月には、地球の約２０００年分のエネルギーを満たすヘリウム３が埋もれているようです。

月から見た美しい地球の姿。日本の月周回衛星「かぐや」が撮影した。

◎月周回衛星かぐや

約41万人のメッセージを載せて、2007年9月に打ち上げられ、2009年6月まで月を探査した。

幻想的な日食と月食

日食は、太陽と月がほとんど同じ大きさに見えるという偶然から起こります。日食も月食も、神秘的な光景です。

月が太陽を隠すと、日食が起こります。太陽の直径は、月の直径のほぼ４００倍。地球から太陽までの距離は、地球から月までの距離のほぼ４００倍。この大きさと距離の関係から、太陽と月は空にほとんど同じ大きさで見えています。同じ大きさなので、月が太陽の真正面を通ると、月が太陽をほぼすっぽりと覆ってしまいます。これは全くの偶然です。

部分日食は、月が太陽の一部を隠します。太陽が糸のように細くなることもあります。金環日食は、月が太陽より小さく見えるときに起こり、太陽がリング状に残って見えます。

皆既日食は太陽を月がすっぽりと覆い隠し、太陽の光が消えるので、昼なのに夜のように真っ暗になります。部分日食や金環日食とは違ったさまざまな現象が見られます。太陽の大気であるコロナや太陽の雲のプロミネンスも観測でき、暗くなると鳥が巣に帰るなどの動物の奇妙な行動も観察できます。数分間ですが、遭遇すると生涯忘れられない体験となります。

月食は、満月の夜、太陽と地球と月が一直線に並んだときに起こります。地球が、太陽から月に届く光を遮ってしまうのです。一部を遮ると部分月食、全部遮ると皆既月食になります。金環月食はありません。

皆既中は赤銅色の立体的な月が空に浮かびます。地球の大気を通り抜けた太陽光が屈折して、月を照らすからです。

日食

福島英雄, 宮地晃平, 片山真人

◉皆既日食
ふだん見られないコロナが観測できる。写真では月の模様も見えている。

A.Fujii

◉金環日食
月が地球を回る軌道は楕円のため、月が遠くにあると太陽を隠しきれず、太陽の周囲が残る。

月食

A.Fujii

◉皆既月食
月が地球の影に入ると、起こる。

◉日食と月食が起こるしくみ

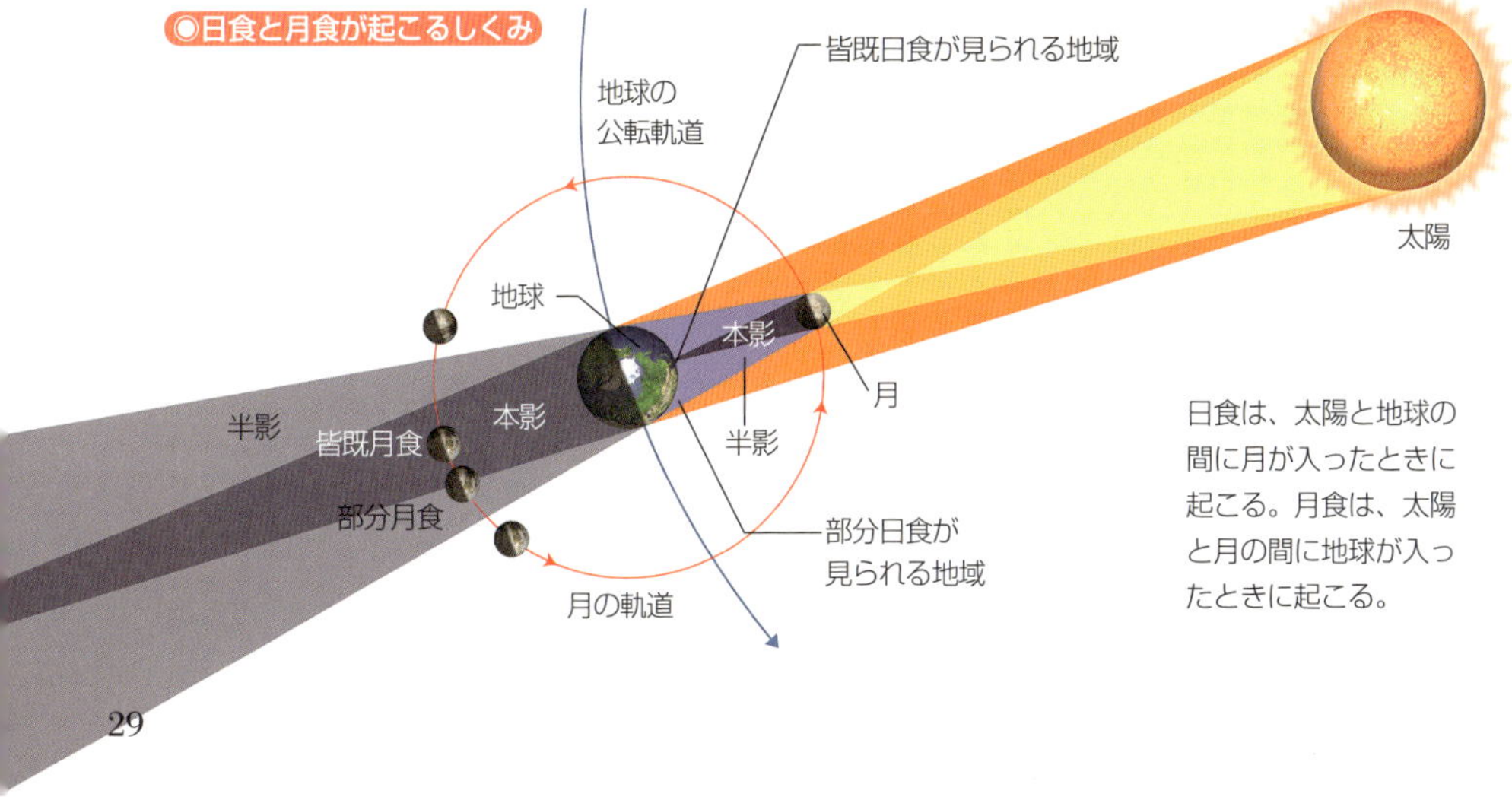
地球の
公転軌道
皆既日食が見られる地域
太陽
地球
本影
月
半影
皆既月食
本影
半影
部分月食
部分日食が
見られる地域
月の軌道

日食は、太陽と地球の間に月が入ったときに起こる。月食は、太陽と月の間に地球が入ったときに起こる。

column 1

田ごとに映る月

●広重の「田毎《たごと》の月」

「本朝名所　信州更科田毎之月」歌川広重（東京国立博物館蔵）

長野県は千曲市、姨捨《おばすて》駅にほど近い斜面に広がる棚田は、月の名所。その田一枚一枚に映る月を「田毎の月」とよび、人は昔から愛《め》でてきました。松尾芭蕉も、「おもかげや　姨ひとりなく　月の友」「この螢田毎の月にくらべみん」と詠んでいます。

歌川広重も、田毎の月を描いています。棚田の水面は、でも、ちょっと待ってください。棚田の水面は、どれも水平のはず。それぞれの田に月が同時に映るはずはありません。広重はきっと、棚田を見ながら歩き、あるいは、月が棚田の上を西へ向かって動き、一つひとつの田に映っていく様を、一枚の絵に描いたのでしょう。

木星や土星のまわりには、たくさんの月（衛星）が回っています。私たちの地球を巡る月は、日々違う姿を見せてくれますけれど、たったひとつだけ。

さて、今宵の月はどんな姿をしているでしょうか？

chapter

2 私たちの太陽系

もしも地球がピンポン玉だったら・・・

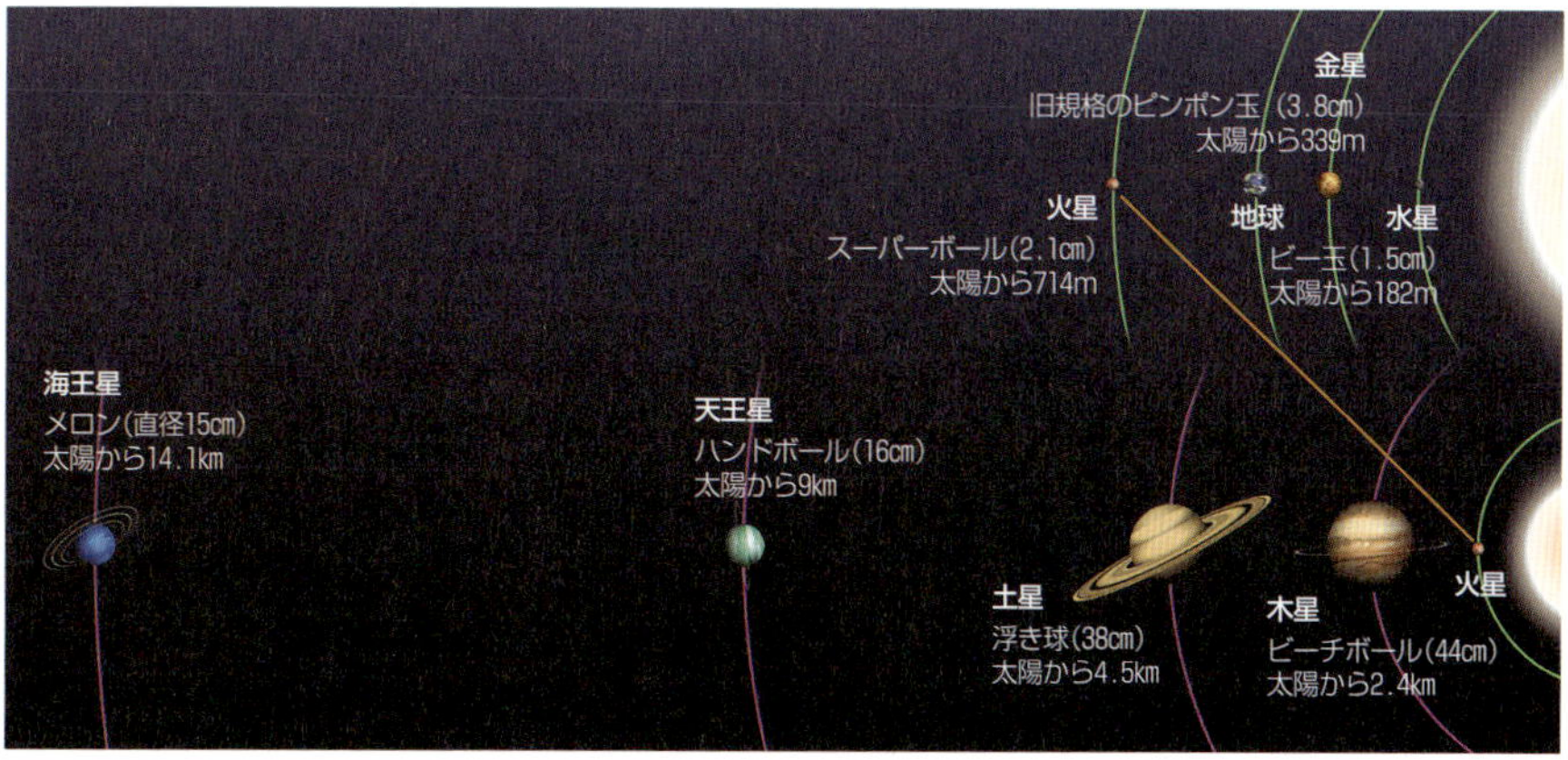
地球
ピンポン玉(4㎝)
太陽から469m
太陽
アドバルーン
(直径4m)
金星
旧規格のピンポン玉(3.8㎝)
太陽から339m
火星
スーパーボール(2.1㎝)
太陽から714m
地球
水星
ビー玉(1.5㎝)
太陽から182m
海王星
メロン(直径15㎝)
太陽から14.1㎞
天王星
ハンドボール(16㎝)
太陽から9㎞
土星
浮き球(38㎝)
太陽から4.5㎞
木星
ビーチボール(44㎝)
太陽から2.4㎞
火星

太陽系の仲間たち

太陽系では、質量の99・8%を
太陽が占めます。
残りの0・2%の質量で
地球を含む8個の惑星、
惑星を回る150個前後の衛星、
岩でできた無数の小惑星、
氷と砂でできた彗星、
流れ星のもとになる砂粒たちがつくられました。
太陽系ができてから、46億年の間ずっと、
この太陽系のメンバーたちは、太陽としっかりとした
絆を結んで、宇宙空間を旅してきたのです。

◉太陽と惑星の大きさ比べ

太陽の直径は地球の約109倍、一番大きな惑星である木星は、約11倍もある。一番小さな水星は、地球の約3分の1。

※惑星とは、太陽のまわりを回り、質量が十分大きいためほぼ球形で、軌道の周囲に衛星以外のほかの天体がない天体をさす。

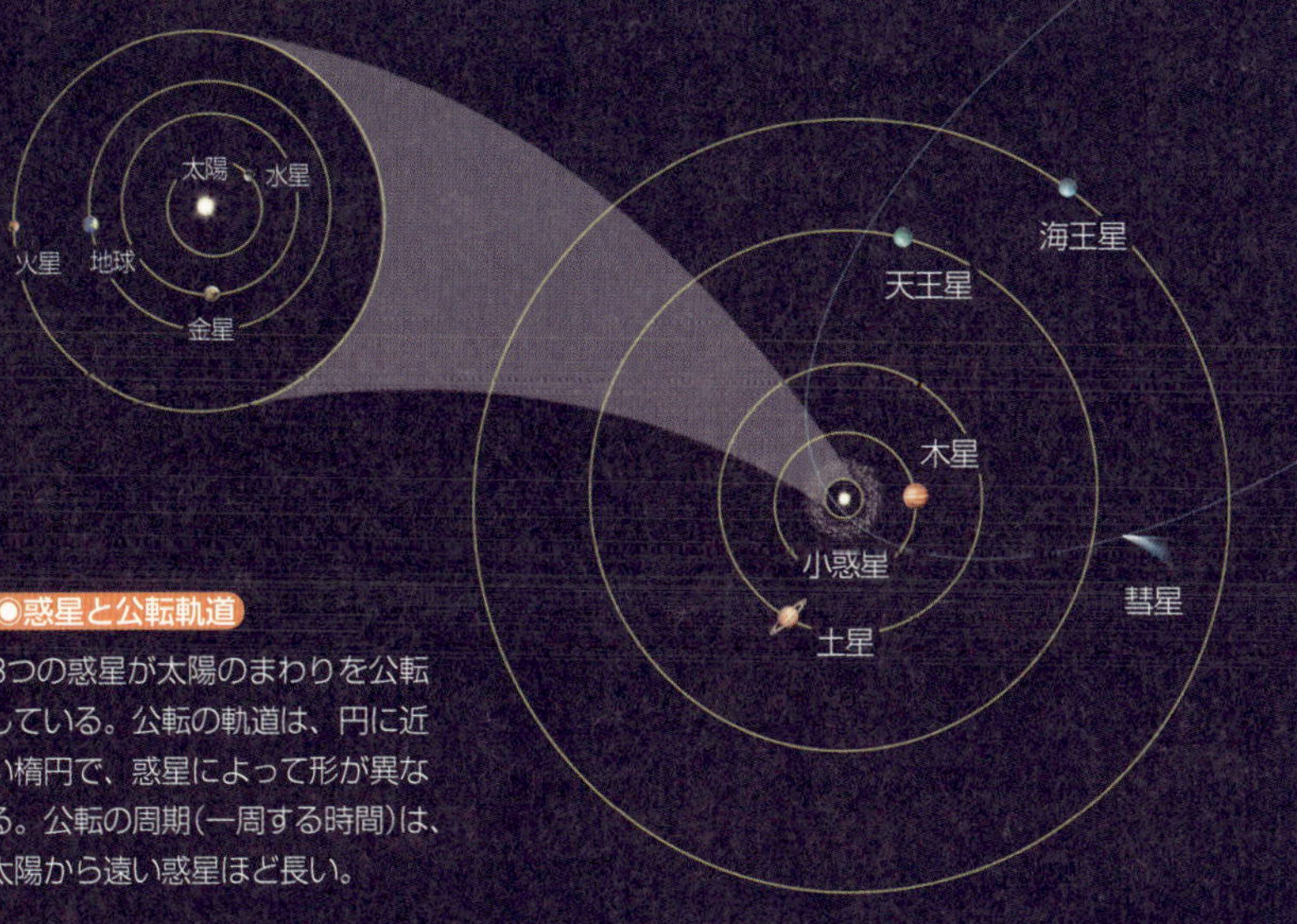

●惑星と公転軌道

8つの惑星が太陽のまわりを公転している。公転の軌道は、円に近い楕円で、惑星によって形が異なる。公転の周期（一周する時間）は、太陽から遠い惑星ほど長い。

太陽系の誕生

46億年以上前、原始太陽が生まれました。
そして太陽をつくった残りのガスから、
太陽系の惑星が生まれました。

46億年以上前、銀河系の片隅で、ひとつの星が燃えつきました。燃えつきた星は大爆発を起こして、その衝撃は銀河を漂うガスを集めました。集まったガスは回転しながら重力で縮み、レンズ状の円盤になりました。円盤の中心部では、重力がどんどんガスを集めて、巨大な星が生まれました。原始太陽の誕生です。

太陽をつくるために、円盤のガスの99・8%が使われました。残り0・2%のガスの中には、氷やちりができ、それらは何億回もの合体を繰り返して、天体に育っていきました。

太陽の近くにはちりの割合が多く、水星、金星、地球、火星の岩石惑星が誕生しました。ガスの多い場所では、木星、土星のガス惑星が生まれました。土星や木星が大きいのは、ガスのせいで水や岩石が集まりやすかったからです。氷の多い場所では、天王星、海王星の氷惑星が生まれました。

無数の小天体は、惑星や衛星にぶつかってクレーターをつくりました。月のクレーターのほとんどは、そのころできたものです。

地球は、大気をクッションにして、鉄、岩石、氷でできた小天体を取り込み、地球の一部にしていきました。

◉太陽系の誕生

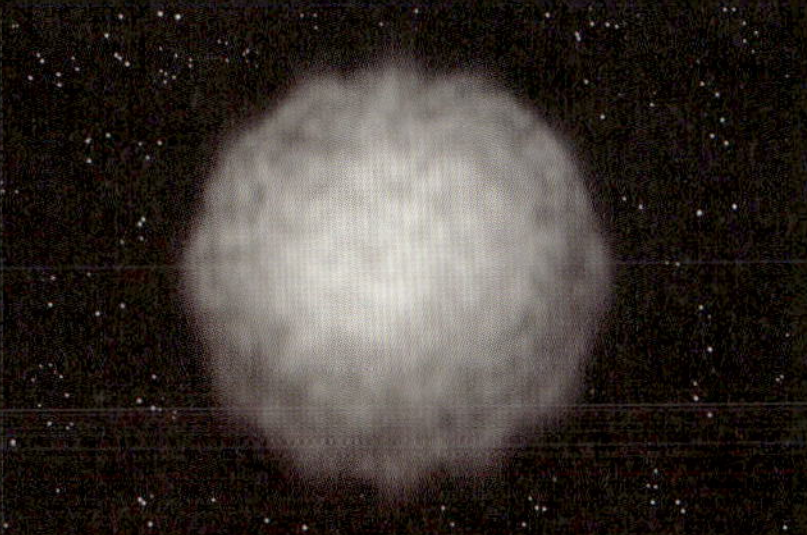

①銀河に漂うガスが集まる（星間分子雲と呼ぶ）。

②集まったガスは回転して円盤になり、中心に原始太陽が生まれる。

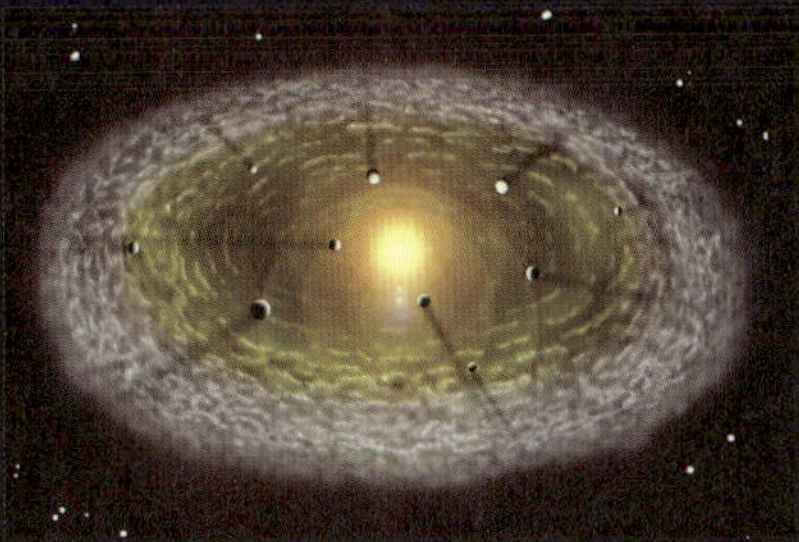

③円盤部分のちりやガス、氷が集まり、衝突を繰り返して原始惑星が生まれる。

④原始惑星同士の衝突や分裂、合体がおさまり、現在の姿となる。

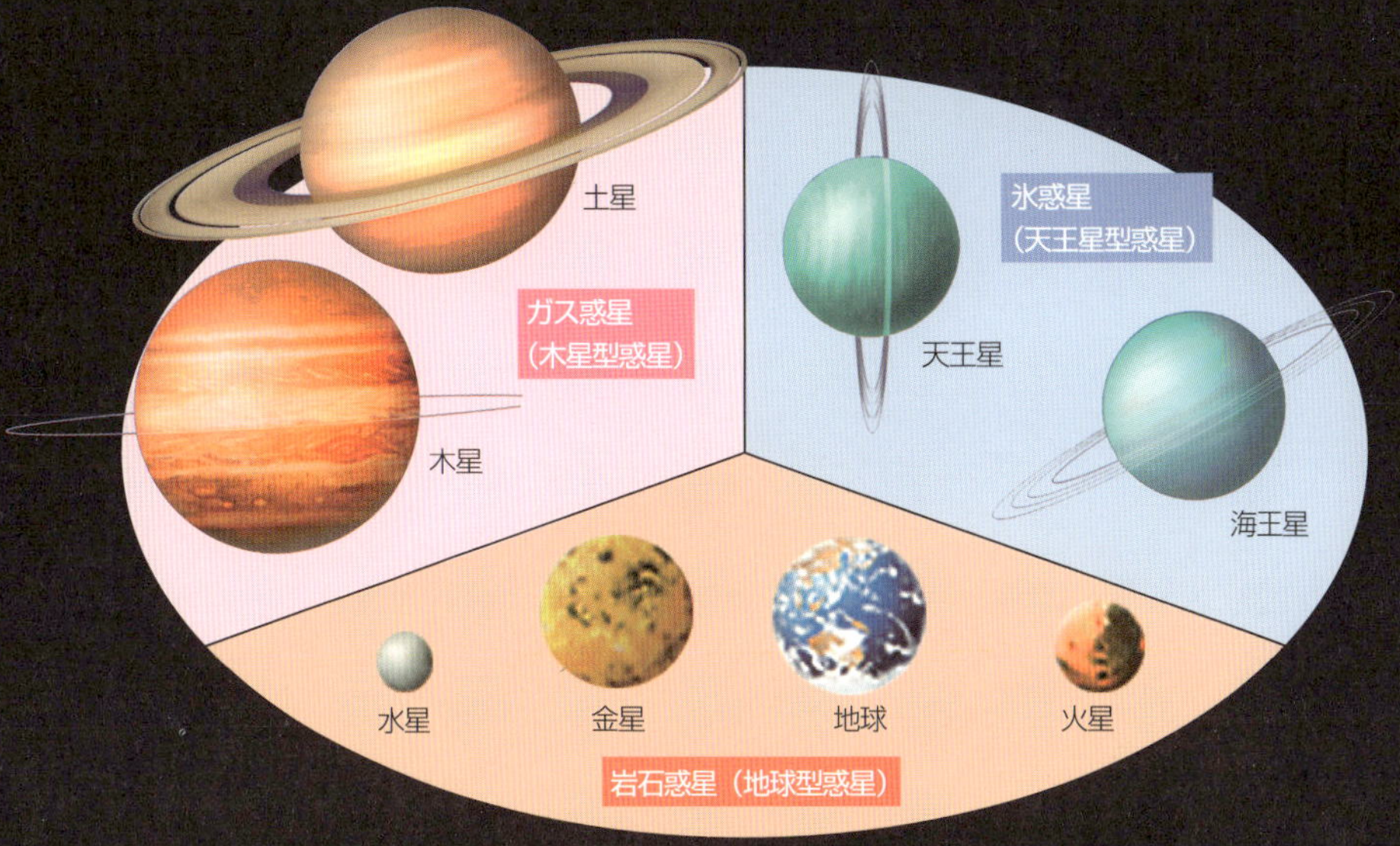
土星
ガス惑星
（木星型惑星）
木星
氷惑星
（天王星型惑星）
天王星
海王星
水星
金星
地球
火星
岩石惑星（地球型惑星）

◉太陽系の惑星たち　太陽から近い順に、岩石惑星、ガス惑星、氷惑星に分けられる。ガス惑星と氷惑星には環があり、たくさんの衛星をもつ。

暑くて寒い水星

水星は太陽に一番近いために、昼間は灼熱、夜は極寒の世界です。地球からは見るのが難しい惑星です。

水星は、日没直後や日が昇る前のわずかな時間にだけ姿を現します。姿を現しても、日の入り後と日の出前の約1時間は、夕焼けや薄明かりによって空が明るいため、太陽の近くにいる水星を見ることは非常に困難です。

水星は太陽のまわりを約88日かけて回ります。また、約59日で1回自転します。

太陽系の第一惑星である水星は、太陽の強烈な光を浴び続ける、とても暑い世界です。昼間の気温は４３０度にも上ります。逆に太陽の光が当たらない夜は、マイナス１７０度まで冷え込みます。

大きさは月より少し大きい程度で、衛星はもっていません。少しある大気は、すぐに太陽に飛ばされてしまいます。飛ばされても、水星は大気をつくり続けています。

水星を初めて近くで見たのは、１９７４年、アメリカの探査機マリナー10号です。マリナーが撮影した水星の写真は、クレーターに覆われた月の表面に似ていました。水星は月と同じく大気が薄いために、クレーターが雨や風に消されることなく残っています。

水星の内部は、鉄球でできています。4分の3もの鉄球を地面がくるんでいるのです。鉄が多いのは、太陽の近くに鉄が多かったからか、ほかの天体の衝突で外側が飛び散ってしまったためなのか、わかっていません。

NASA etc.→p.159

◎水星　表面にクレーターが多く、月に似ている。写真は、メッセンジャー探査機が撮影。

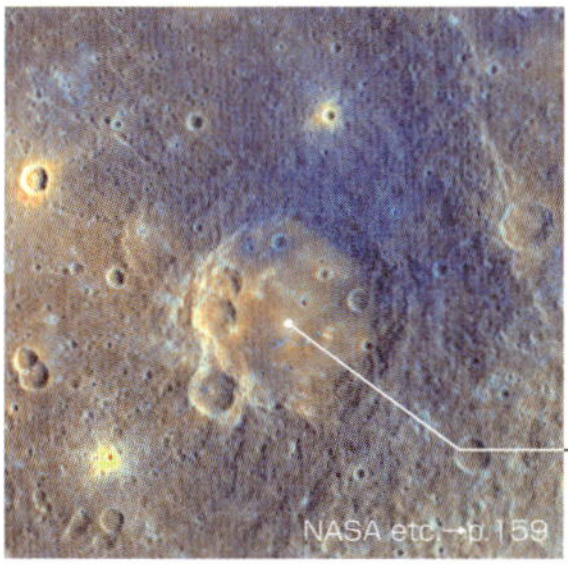
NASA etc.→p.159
ティツィアーノクレーター
（イタリアの画家）

◎水星のクレーター

クレーターには、芸術家の名前がつけられている（写真の色は、地質の違いを表したもの）。

水星のデータ

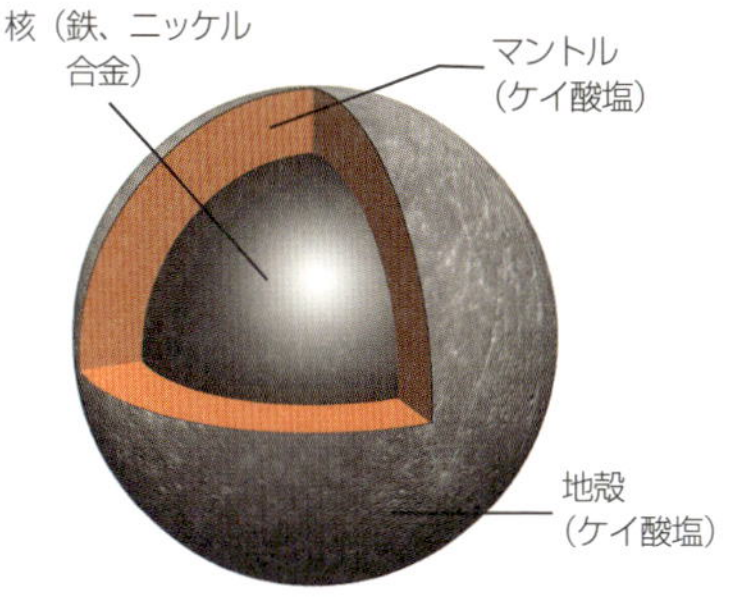
核（鉄、ニッケル合金）
マントル
（ケイ酸塩）
地殻
（ケイ酸塩）

太陽からの平均距離	5,790万km
赤道の直径	4,880km（地球の約3分の1）
質量	地球の約18分の1
公転周期	87.97日
自転周期	58.65日
自転軸の傾き	0°
衛星の数	0個

←水星
←金星
A.Fujii

日没直後に見られる水星と金星、三日月（右）。

鏡のように輝く金星

大きさは地球とほぼ同じ金星ですが、姿は大きく異なります。
金星の温度は470度と高く、自転は逆向きです。

金星は、地球とほぼ同じ大きさですが、衛星はもっていません。金星は、地球のすぐ内側を回っています。その姿は、明け方か夕方に見られます。とても明るいために、ＵＦＯと間違われることもしばしばあります。夕方に見えるときは「宵の明星」、明け方に見えるときは「明けの明星」と呼ばれています。

金星が明るく見えるのは、光を反射しやすい白っぽい雲で覆われているからです。反射率は78％で、受け取った太陽光の大半を鏡のように反射して美しく輝いているのです。

美の女神「ビーナス」と呼ばれる金星ですが、「美しいものにはとげがある」といわれるように、近づくと火傷《やけど》します。金星の大気は96％が二酸化炭素でできているため、温室効果によって、地上は４７０度もの高温になっています。大気も地球の90倍もの重さがあります。白く輝く雲は、なんでも溶かしてしまう濃硫酸の雲です。

金星の大地には高い山もあり、大気の上層部では「スーパーローテーション」と呼ばれる、秒速１００メートルもの強風が吹いています。

金星は約２２５日かけて太陽を回り、約２４３日で1回自転します。

金星はほかの惑星とは自転の向きが逆なので、太陽は西から昇り、東に沈みます。

NASA

◎金星

厚い雲に覆われた金星。パイオニア・ビーナス探査機が撮影した。

夕方に見られる「宵の明星」。

A.Fujii

金星のデータ

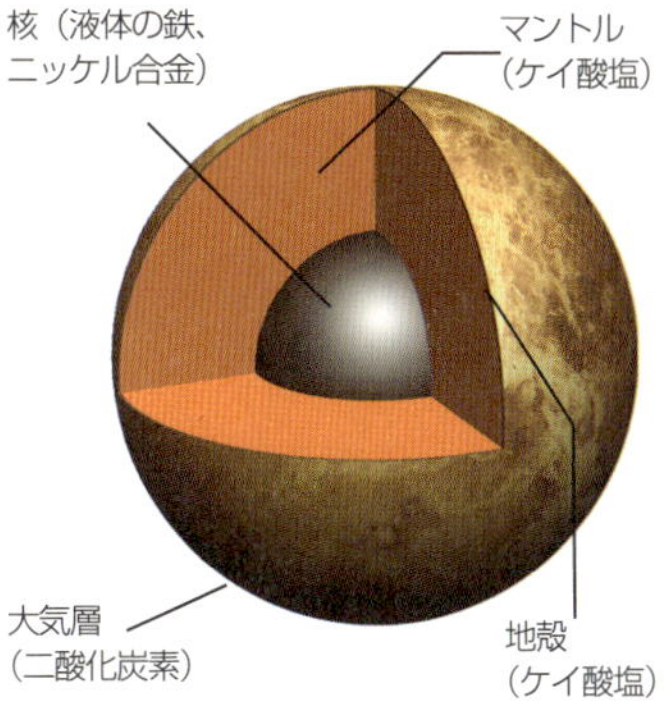
核（液体の鉄、
ニッケル合金）
マントル
（ケイ酸塩）
大気層
（二酸化炭素）
地殻
（ケイ酸塩）

太陽からの平均距離	1億820万km
赤道の直径	1万2,104km（地球とほぼ同じ）
質量	地球の約5分の4
公転周期	224.7日
自転周期	243.02日
自転軸の傾き	177.4°
衛星の数	0個

◎金星の大気
硫酸のもや
硫酸の雲
硫酸のもや
二酸化炭素
地表

96%が二酸化炭素でできており、
硫酸の雲が浮かぶ。

JPL

高さ約8,000mのマアト山（画像は高さを強調している）。

巨大火山のある火星

地球のすぐ外側を回る火星。地球の半分ほどの大きさですが、高い火山や深い谷など、変化に富んだ地形が見られます。

火星は地球の隣にあるので、望遠鏡を使えば、天気の変化も見ることができます。火星は地球のすぐ外側を回っていて、距離を変えながら2年2ヶ月ごとに地球に接近し、15～16年ごとに大接近します。２００３年８月に大接近したときは、北極の氷や雲の姿を楽しむことができました。次の大接近は２０１８年７月です。

火星の１日は24時間37分で、地球とほとんど同じです。火星の１年は約６８７日で、地球の２年弱です。

火星の大気は薄く、気圧は地球の１００分の１しかありません。成分のほとんどは、二酸化炭素です。気温は、夏の昼間の赤道付近で20度ぐらい、夜はマイナス90度になります。大気が薄く、海がないために、昼と夜の気温差が１００度以上にもなってしまうのです。

火星の大きさは地球の半分ほどですが、地形は変化に富んでいて、太陽系で一番高い火山、オリンポス山（標高２万７０００メートル）があります。また、太陽系で一番深いマリネリス渓谷（深さ８～10キロメートル）が４０００キロメートル以上の長さで続いています。北極と南極には、二酸化炭素が凍ったドライアイスが白く見えています。夏には小さくなり、季節の変化を感じさせてくれます。ドライアイスの下には、水の氷があるのではと考えられています。

NASA

◎火星

火星が赤く見えるのは、さびた鉄を含む砂が地面を覆っているため。南極に見える白い部分は、二酸化炭素でできた氷。

火星のデータ

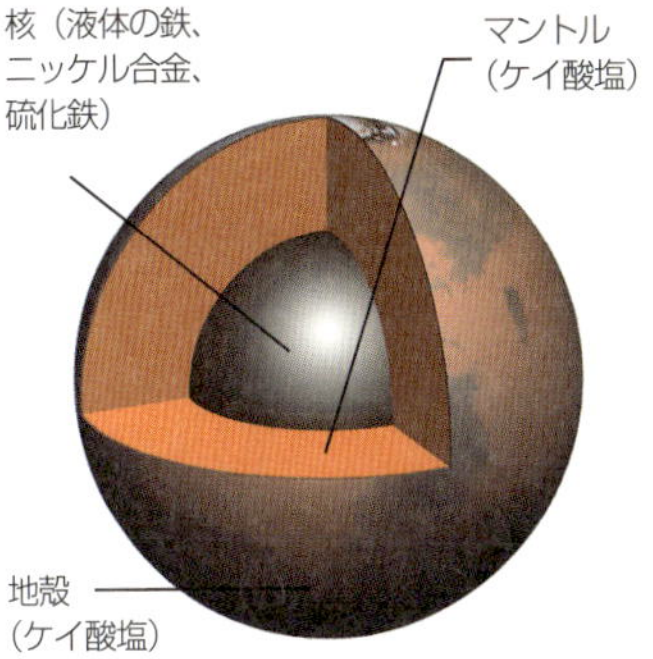
核（液体の鉄、
ニッケル合金、
硫化鉄）
マントル
（ケイ酸塩）
地殻
（ケイ酸塩）

太陽からの平均距離	2億2,790万km
赤道の直径	6,792km（地球の約半分）
質量	地球の約9分の1
公転周期	686.98日
自転周期	24時間37分
自転軸の傾き	25.19°
衛星の数	2個

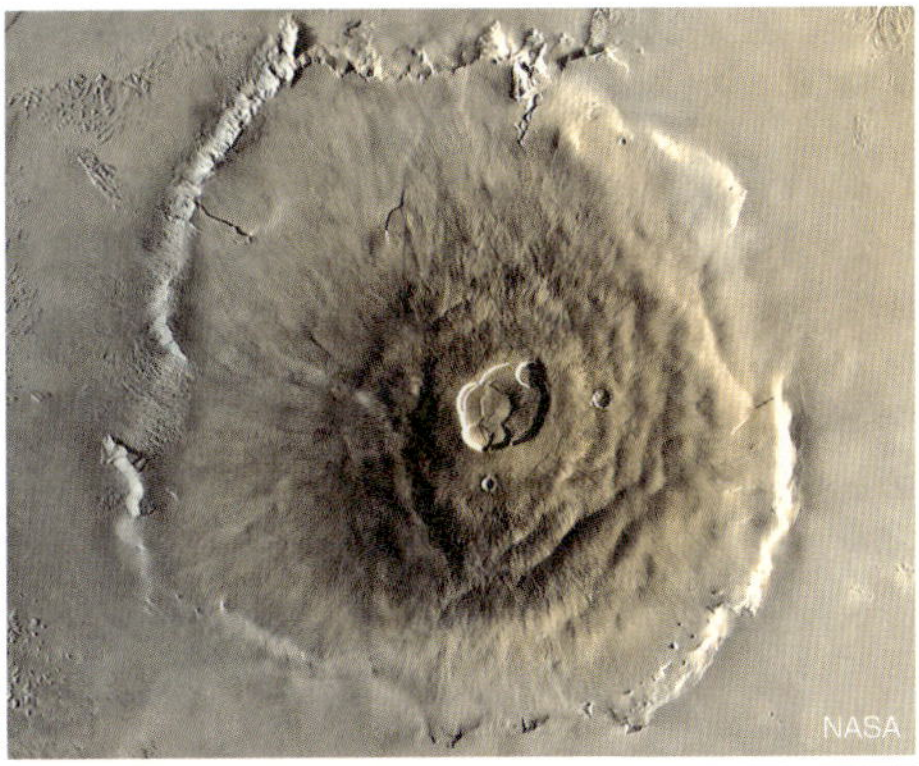
NASA

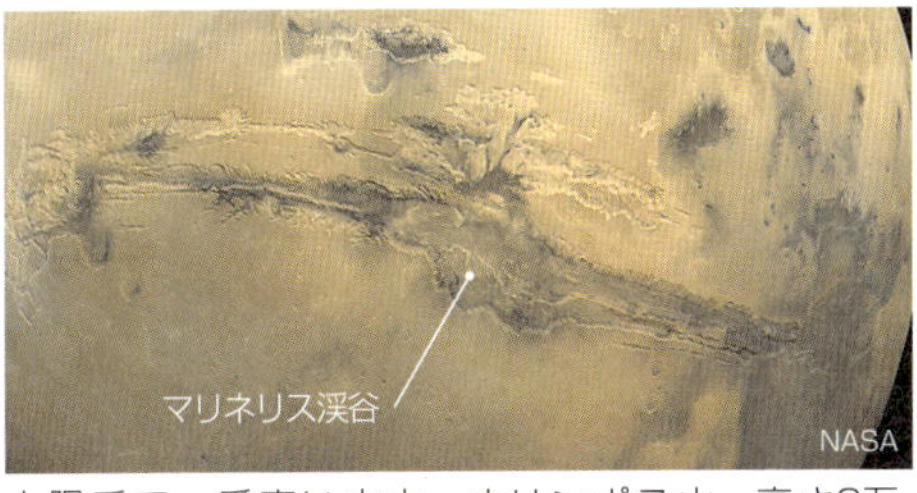
マリネリス渓谷
NASA

太陽系で一番高い火山、オリンポス山。高さ2万7,000m（上）。太陽系で一番深い、マリネリス渓谷。深さ8〜10km（下）。

第二の地球候補　火星

火星には、水が流れた跡が見つかっています。
地球に環境が似ているため、第二の地球にする計画も検討されています。

火星には、２個の衛星があります。直径26キロメートルのフォボスと、直径16キロメートルのダイモスです。火星の近くを通った小惑星が、重力に捕まって、火星の月になりました。フォボスは火星から６０００キロメートルの場所を回っていますが、数千万年たったら、火星に衝突するか粉々にくだけてしまうようです。

１９６５年に、アメリカの探査機マリナー４号が行くまで、火星は謎めいた惑星でした。望遠鏡で見ると、人工的と思われた運河のような筋が見えるために、火星人の存在が本気で信じられていた時期もありました。

火星の表面には、水が流れた跡が多数見つかっています。昔は大量の水が流れていたのです。水があったころには、生命がいたかもしれません。

１９９６年に、火星の隕石からバクテリアの痕跡が見つかったとＮＡＳＡの発表がありました。しかし、今では間違いだった可能性が高いといわれています。

火星は地球に環境が似ているため、生命探しも含めて10機以上の探査機が火星を調べるために訪れています。

また、火星を第二の地球にする、テラフォーミング計画もあります。温室効果ガスによって気温を上げ、極冠の氷を溶かして海をつくるのです。成功すれば、太古の地球に似た世界をつくることができます。

NASA/JPL-Caltech/
University of Arizona

◉フォボス

大きくへこんだ部分のある、いびつな形。7時間39分かけて火星のまわりを公転する。

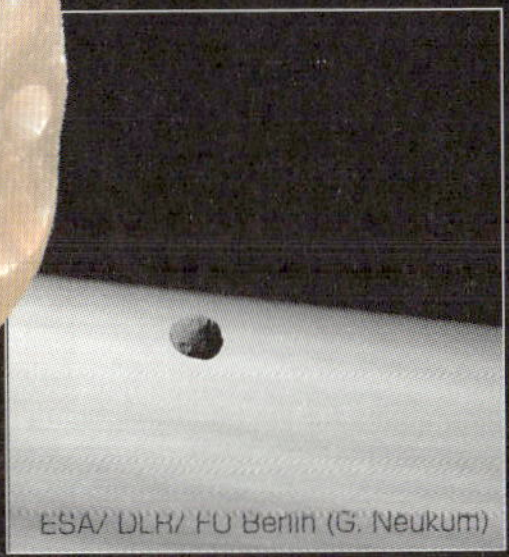

ESA/ DLR/ FU Berlin (G. Neukum)

フォボスと火星の表面。

NASA/JPL-Caltech/
University of Arizona

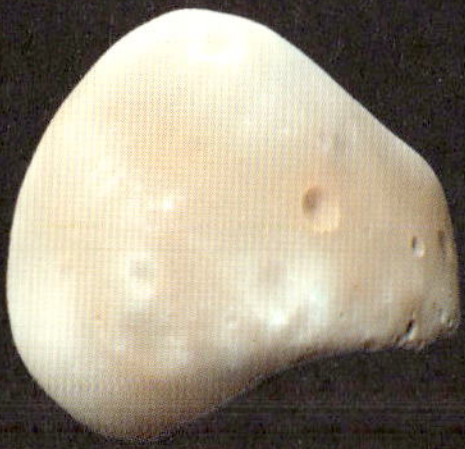

◉ダイモス

フォボスより小さく、やはりいびつな形をしている。30時間18分かけて火星のまわりを回る。

NASA/JPL/Malin Space Science Systems

◉水が流れ出た跡

火星の表面に見られる、地球の扇状地によく似た地形。水が流れてできたと考えられている。

ESA/DLR/FU Berlin (G. Neukum)

◉水の氷

北極近くのクレーターで見つかった氷。水でできた氷と考えられている。

小さくても仲間が多い小惑星

小惑星は岩石でできた小さな天体で、
火星と木星の間にたくさんあります。
軌道が不安定なため、地球に落ちるものもあります。

サン・テグジュペリの名作『星の王子さま』の主人公は、火山と一輪のバラの世話をしながら、とても小さな星にひとりで住んでいました。

小さな星は、小惑星と呼ばれ、火星と木星の間にたくさんあります。大気がないので、現実には生物の存在は考えられませんが、この場所は小惑星帯と呼ばれ、無数の小惑星が太陽のまわりを回っています。

小惑星は岩石でできていて、一番大きいケレスが直径９５２キロメートルです。長い年月の間に小惑星帯からはぐれて、地球の軌道の内側まで入り込んでいるものもあります。軌道が不安定なので、地球に衝突するものもあります。

今から６５５０万年前に恐竜が絶滅したのは、直径10〜15キロメートルの小惑星が地球に落ち、急激な環境変化が起こったからではないかと考えられています。そのため、小惑星を見つけて軌道を計算して、地球に落ちる可能性はないかを調べる観測が行われています。

新しく見つかった小惑星には名前がつけられます。命名提案権は発見者にあり、「人、場所、物など」の名前をつけることができます。名前は国際天文学連合（ＩＡＵ）の審査を通ると、正式に認められます。認められるかどうかは、名前が一定のルールに従った適切なものかで決まります。日本人が発見した小惑星も多く、「たこやき」という名の小惑星もあります。

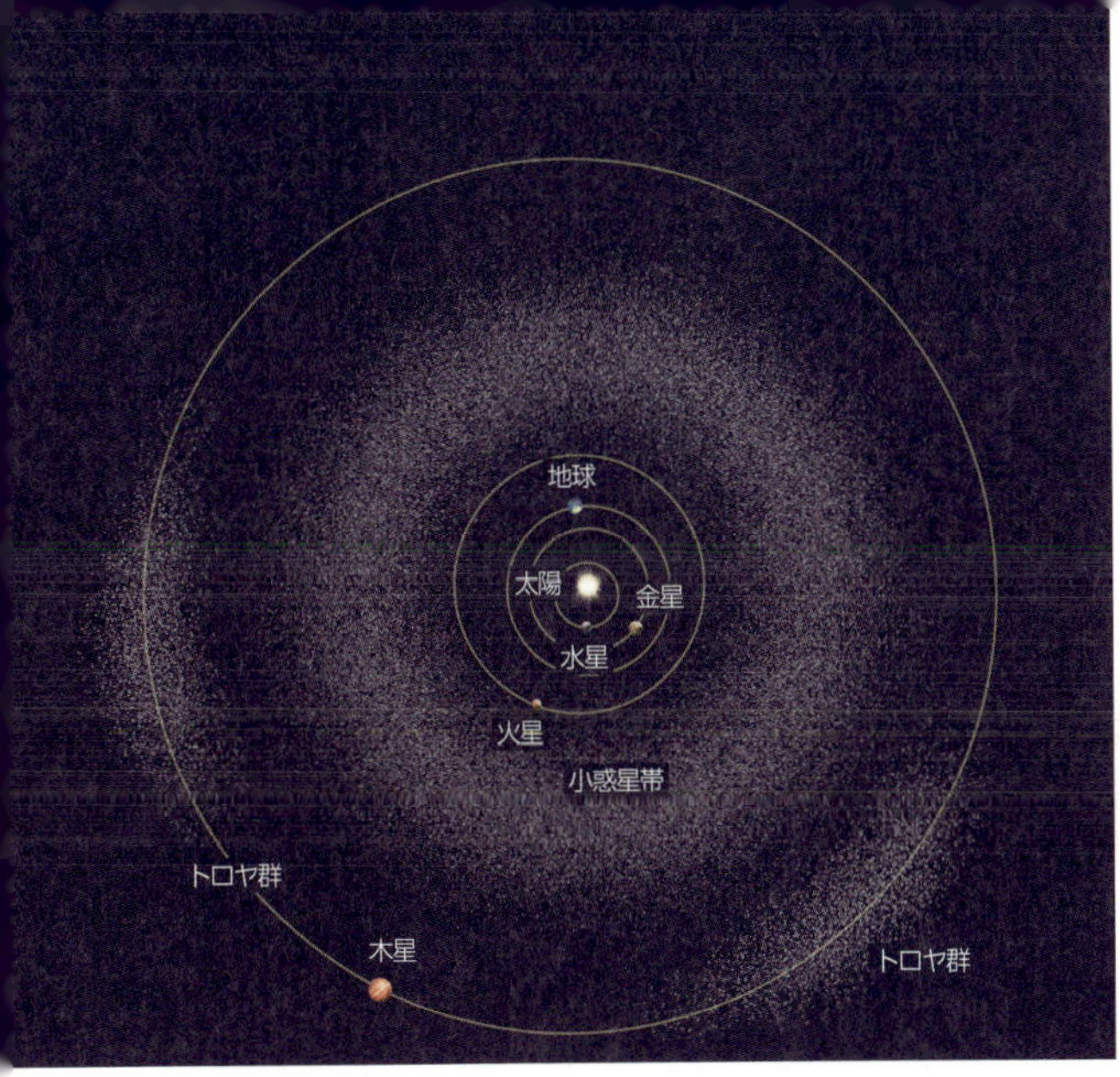

◎小惑星帯

◀火星と木星の軌道の間にあり、特に多くの小惑星が見つかっているところ。木星の軌道上にも、小惑星の群れが2つあり、「トロヤ群」と呼ばれている。

◎ケレス

▼1801年に初めて発見された小惑星。現在は準惑星に分類されている。

NASA etc.→p.159

池下章裕

◎はやぶさ

2003年に打ち上げられ、イトカワに着陸した。

JAXA

◎イトカワ

日本のロケット開発の父、糸川英夫博士にちなんで名づけられた。一番長いところで、535m。日本の探査機「はやぶさ」が探査した。

太陽系の小さなメンバー、「太陽系小天体」

小惑星や彗星、海王星よりも遠くにある太陽系外縁天体など、太陽系にある小さな天体をまとめて「太陽系小天体」と呼びます。ところが、小惑星のケレスや太陽系外縁天体の代表である冥王星は、太陽系小天体に含まれません。2006年のIAUの決議により、「太陽のまわりを回り、質量が十分大きいためほぼ球形で、軌道の周囲にほかの天体があり、衛星でない」天体は、「準惑星」という新しい分類で呼ばれることになったからです。2010年7月現在、準惑星には、小惑星帯にあるケレス、太陽系外縁天体である冥王星、ハウメア、マケマケ、エリスの5つの天体が認められています。

太陽系の仲間

恒星	太陽
惑星	金星、地球など8つ
準惑星	ケレス、冥王星など5つ
太陽系小天体	小惑星、彗星、太陽系外縁天体など
衛星	月、ガニメデ、タイタンなど

太陽になれなかった木星

**木星は、太陽系の惑星の中で一番大きな天体です。
水素とヘリウムでできており、
大赤斑と呼ばれる渦があります。**

木星は、英語でジュピター（ギリシャ神話の最高神、ゼウス）と呼ばれ、マイナス２等以上の明るさで輝いています。惑星の中で一番大きく、直径は地球の約11倍、質量は約３１８倍もあります。これほど大きな惑星ですが、自転の速度は速く、約10時間で1回転します。

木星を望遠鏡で見ると、きれいな縞模様をしています。白く見える部分は気圧が高く、雲が盛り上がっています。暗く見える部分は低気圧で、雲が低くなっているようです。木星の模様には台風の渦も見えています。「大赤斑」と呼ばれる渦は、３００年以上も見え続けています。

●●●

木星は太陽と同じ、水素とヘリウムでできています。木星があと80倍大きかったら、中心核が燃え出して太陽のような恒星になれたでしょう。もし、木星が太陽になっていたら、地球に生命は誕生できなかったかもしれません。私たちにとっては、木星が惑星で良かったということでしょうか。

●●●

木星は大きいので、迷い込んだ小天体が時々ぶつかります。１９９４年7月にも、シューメーカー・レビー第9彗星が木星に近づいて分裂し、その破片が1週間にわたって木星に降りました。地球の外を回る木星は、実は、小天体の衝突から地球を守っているともいえるでしょう。

NASA/JPL/University of Arizona

◎木星

◀右下の渦が大赤斑。左下の黒い丸は、衛星エウロパの影。

◎変化する渦

▼木星の模様は、雲や大気の渦でできているため、変化し続ける。写真では約2ヶ月の間に、小さな渦が大赤斑に飲み込まれたのがわかる。

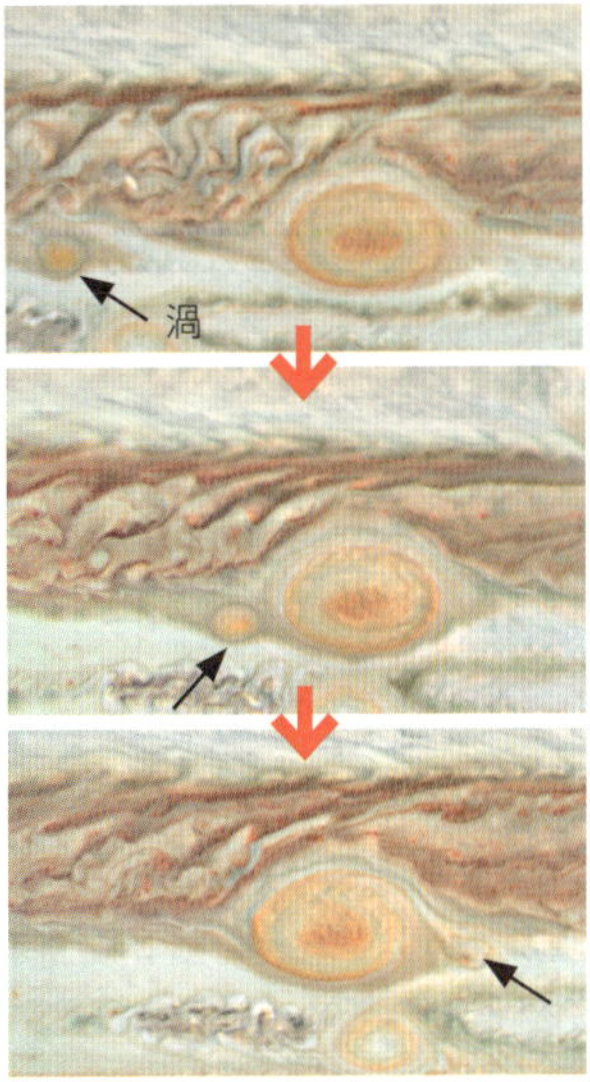

渦

NASA etc.→p.159

木星のデータ

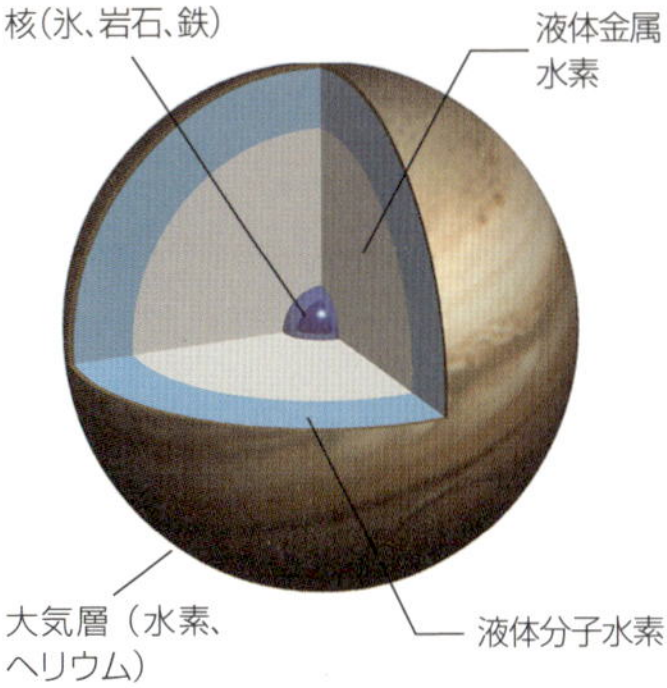

核(氷、岩石、鉄)
液体金属水素
大気層(水素、ヘリウム)
液体分子水素

太陽からの平均距離	7億7,830万km
赤道の直径	14万2,984km(地球の約11倍)
質量	地球の約318倍
公転周期	11.8622年
自転周期	9時間56分
自転軸の傾き	3.1°
衛星の数	65個

◎木星の環

土星と比べると非常に薄くて細いが、木星にも環がある。下は、木星を影の中から撮影したもの。左右に伸びているのが、環。

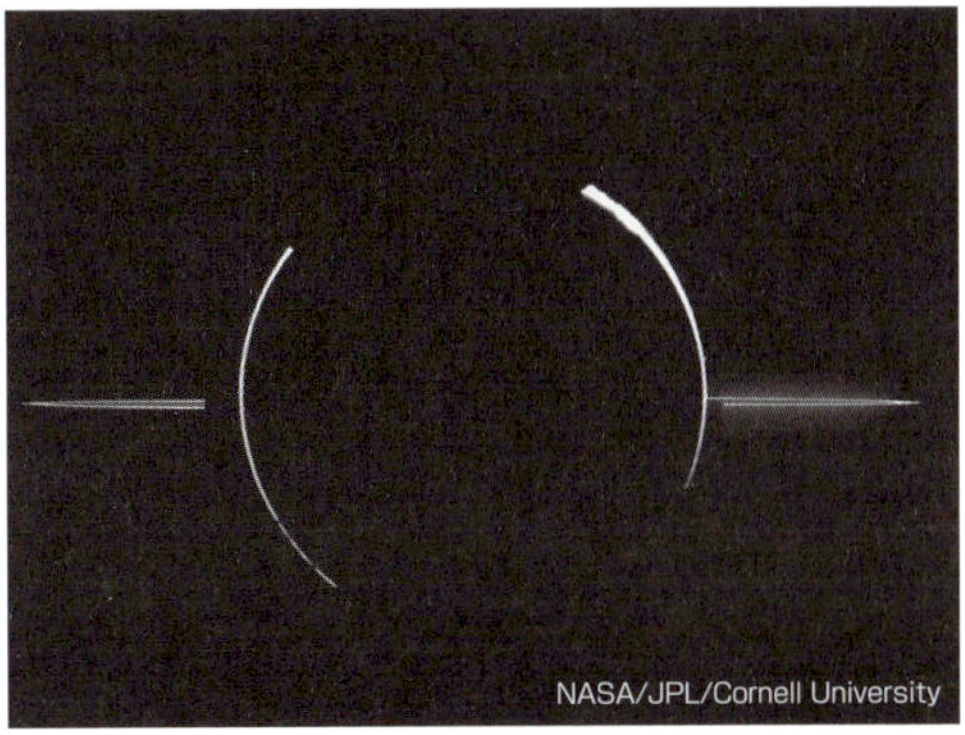

NASA/JPL/Cornell University

ガリレオが発見した木星の衛星

木星には、ガリレオが発見した4つの大きな衛星があります。
活火山があるイオ、水星よりも大きなガニメデなどです。

望遠鏡で木星を見ると、そばに４つの衛星が見えます。発見者の名前から、「ガリレオ衛星」と呼ばれています。１６１０年、イタリアの科学者、ガリレオ・ガリレイは、木星を回る４つの衛星を観察しました。ガリレオは衛星の動きから、地球が太陽のまわりを回っているとする地動説を確信したといわれています。

ガリレオ衛星は、内側から、イオ、エウロパ、ガニメデ、カリストと名づけられています。

●●●

イオには、ボイジャー1号によって、活火山が発見されました。火山から高く噴き上がる火柱や、流れ出た溶岩の跡も撮影されています。木星の強い重力が、イオの内部を熱して噴火を起こしていると考えられています。

エウロパの表面は、氷に覆われていますが、氷のひび割れから液体が噴き出た跡が見つかっています。そのため、氷の下には液体の海が広がっているのではないかと考えられます。

ガニメデは太陽系最大の衛星で、直径が５２６８キロメートルあり、惑星の水星を上回っています。

カリストは表面にクレーターがたくさん見られ、ほかのガリレオ衛星より黒っぽく見えます。

●●●

木星には、ガリレオ衛星を含め、全部で60個以上の衛星があるようです。

ガリレオ衛星

ガリレオ衛星には、ギリシャ神話のゼウスの愛人の名前がついている。

NASA/JPL/University of Arizona
・イオの火山から噴き出す噴煙。

◉イオ

岩石でできており、直径は3,642km。活火山が100個以上、発見されている。

A.Fujii
木星（まん中）とガリレオ衛星。小さな望遠鏡でも地上から見ることができる。

◉エウロパ

岩石でできており、表面が氷で覆われている。直径は3,130km。

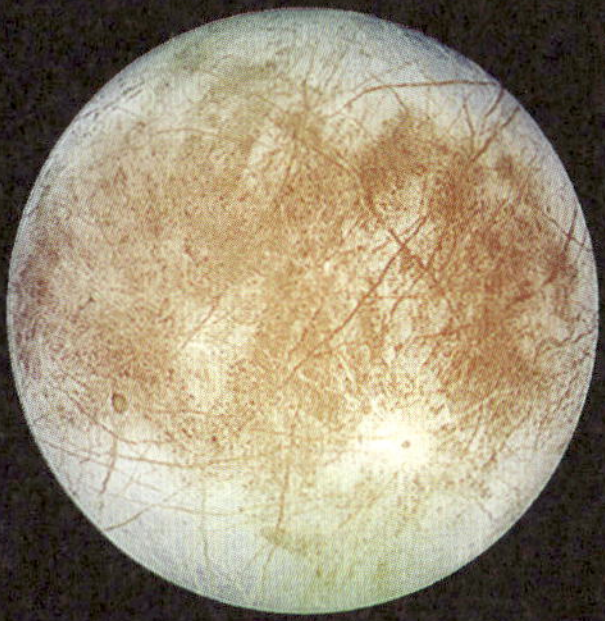

◉ガニメデ

直径5,268kmもある、太陽系で最大の衛星。岩石を厚い氷が覆っている。黒っぽい部分にクレーターが、明るい部分に溝がたくさん見られる。

◉カリスト

氷と岩石でできており、表面にクレーターが多数見られる。直径は4,806kmで、太陽系の衛星の中で3番目に大きい。

NASA/JPL/DLR

環が魅力的な土星

土星は大きいですが、ガスでできているため、軽い惑星です。環は薄く、地球からは見えなくなるときがあります。

土星は惑星の中で、木星に次いで2番目に大きな惑星で、直径は地球の9倍ほどあります。約10時間半で1回という速いスピードで自転しているため、遠心力で少しつぶれた形をしています。

望遠鏡で見る土星の姿は、人をひきつけます。浮き輪をつけた子供のような愛らしい姿で、宇宙に浮かんでいるのです。浮き輪に見える土星の環は、数十万キロメートルの広がりをもっています。それに比べ、厚みは数百メートル以下しかありません。

環は、年によって違って見えます。麦わら帽子をかぶって頭を上下に動かすと、つばの見え方が変わるのと同じです。環の傾きは、土星が太陽をひと回りする、約29年半かけて上下に移動します。このため、土星の環は約15年ごとに真横になって、地球からは見えなくなってしまいます。

環が消える前後の土星の姿もおもしろく、串にささった団子のように見えます。探査機のボイジャーやカッシーニの観測から、土星の環は、数センチから数メートルの氷や岩のかけらでできていることがわかりました。土星の環は、土星の近くを通った小天体が、土星の衛星と衝突して飛び散ってできたと考えられています。

土星は、太陽と同じ、水素やヘリウムのガスでできています。密度が水より小さいため、もし土星を水に入れたら、土星は水に浮いてしまいます。

NASA/JPL/Space Science Institute

◎土星　美しい環をもつ土星。カッシーニ探査機が撮影した。

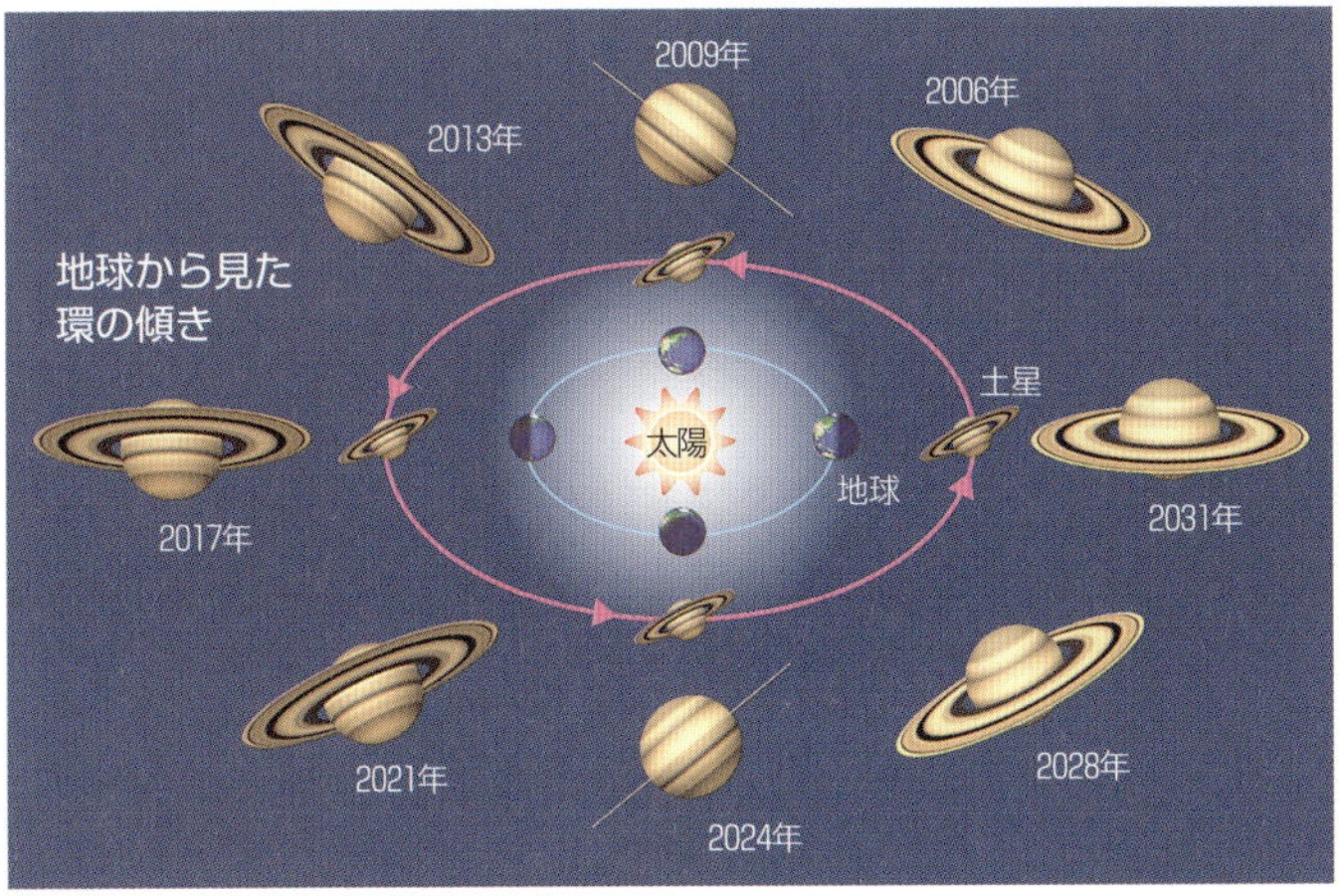
地球から見た
環の傾き
2009年
2006年
2013年
土星
太陽
地球
2017年
2031年
2021年
2028年
2024年

◎環の見え方の変化
土星は自転軸を約27度傾け、約29年半かけて太陽を公転する。地球は土星より内側にあり、公転の周期も短いため、地球と土星の位置によって、環の見え方が変わる。

土星のデータ

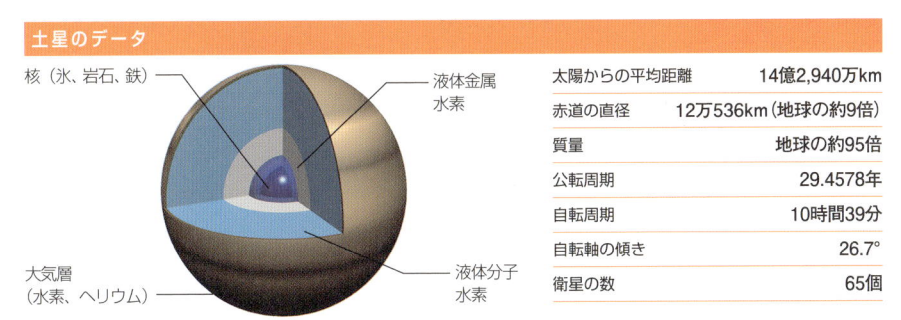

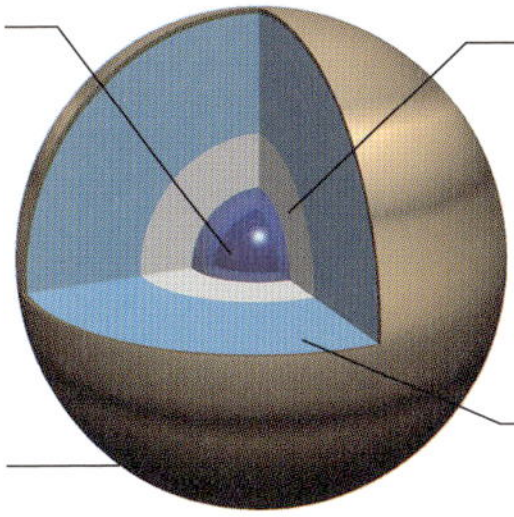
核（氷、岩石、鉄）
液体金属
水素
大気層
（水素、ヘリウム）
液体分子
水素

太陽からの平均距離	14億2,940万km
赤道の直径	12万536km（地球の約9倍）
質量	地球の約95倍
公転周期	29.4578年
自転周期	10時間39分
自転軸の傾き	26.7°
衛星の数	65個

個性的な土星の衛星たち

土星には60個以上の衛星があります。その中には、大気をもつ衛星や内部に水があると考えられる衛星もあります。

土星を望遠鏡で見ると、タイタンと呼ばれる衛星が寄り添っています。タイタンは惑星の水星より大きく、木星の衛星ガニメデに次ぐ大きな衛星です。このタイタンは、太陽系の衛星の中で、唯一濃い大気をもっています。地球と同じような、窒素を主成分にした大気をもっているのです。タイタンでは風が吹き、メタンの雨が降り、地表には液体のメタンや液体のエタンでできた湖も存在しています。

タイタンのほかにも、土星には60個以上の衛星があります。そのひとつのエンケラドスでは、水か氷が間欠泉のように噴出していることが、探査機の調査でわかりました。内部にたまった水が、地熱で温められて噴出しているのではないかと考えられています。

土星の環では、氷や岩が細いリング状に並びながら回っています。このリングの近くで、氷の粒がそのリングからはずれないようにする衛星たちは、羊飼いが羊を集める姿を連想させることから、「羊飼い衛星」と呼ばれています。

土星から見る太陽は、地球で見る太陽の約１００分の1の明るさです。淡い太陽の光に照らされる、無数の氷でできた環とたくさんの衛星たち。土星では、幻想的な風景が広がっています。

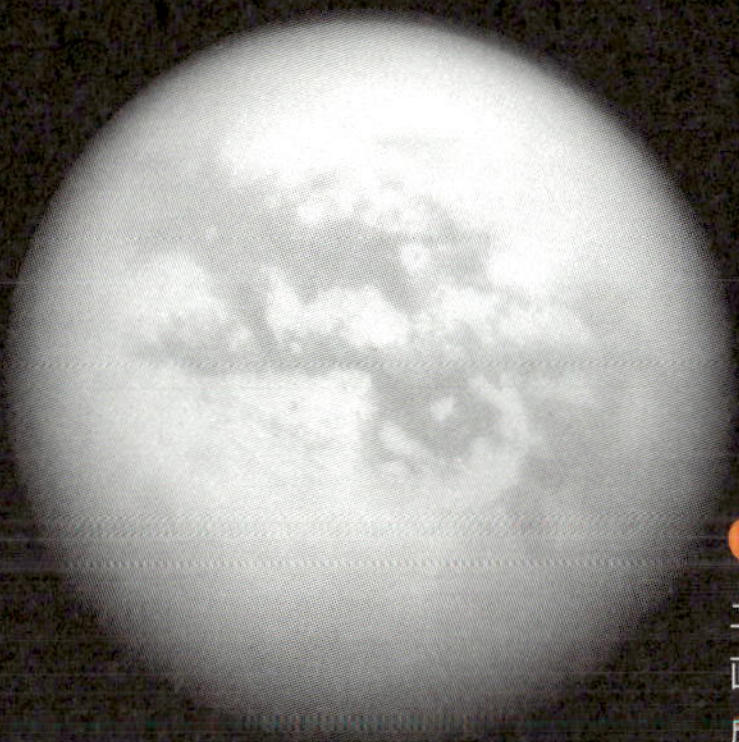

◉タイタン

土星の衛星の中で最大で、直径は5,150km。主な成分が窒素で、メタンなども含む大気をもつ。

タイタンの北極地域のレーダー画像。青い部分が、メタンやエタンでできた湖と考えられている。カッシーニ探査機が撮影。

◉ディオーネ

土星の前に写っているのが衛星ディオーネ。土星の衛星の中で4番目に大きく、直径は1,120km。表面をクレーターで覆われている。

◉エンケラドス

土星の衛星の中で6番目に大きく、直径は498km。氷の火山がある。

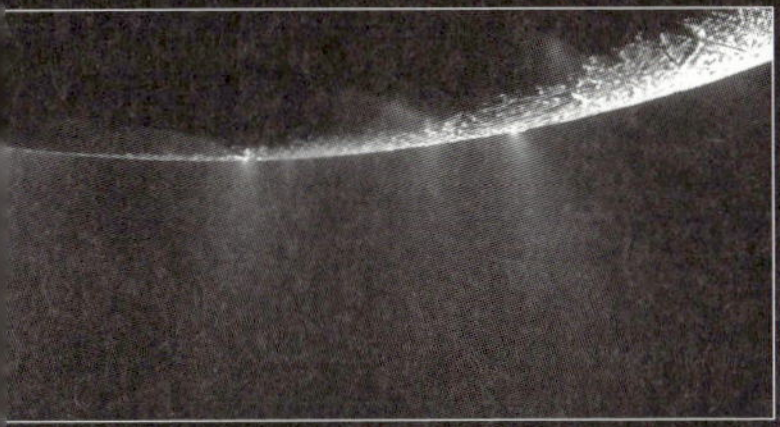

エンケラドスの南極付近から噴き出す水か氷。

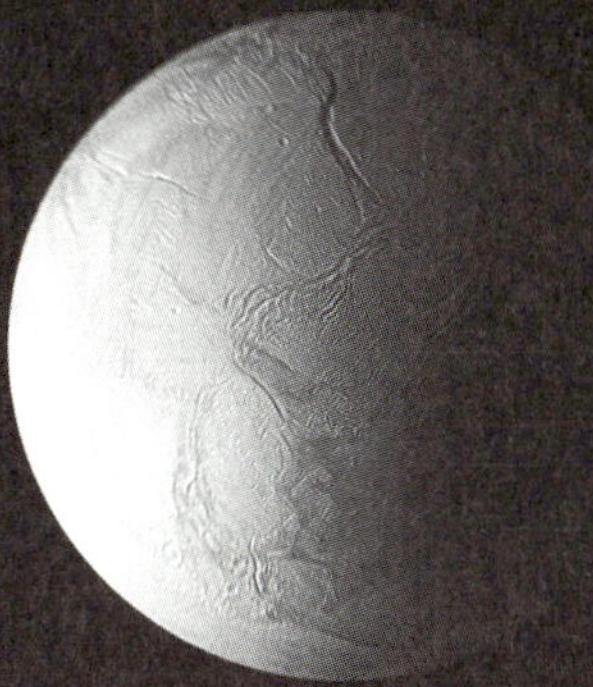

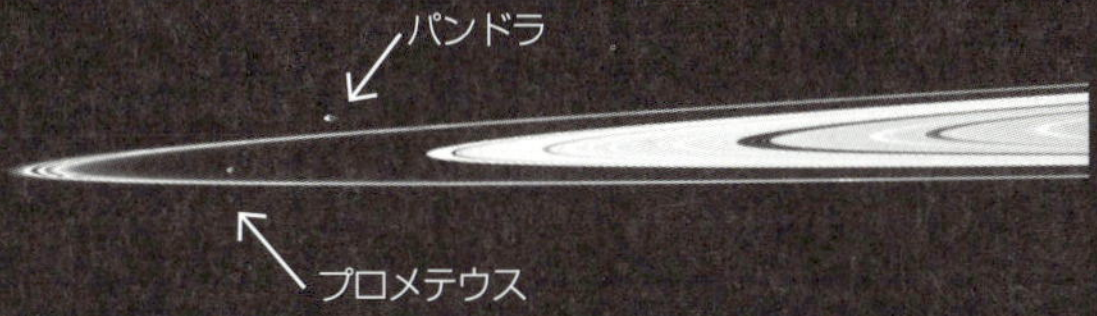

◉羊飼い衛星

土星の環をはさんで、羊飼い衛星が2つ写っている。環の外側がパンドラ、環の内側がプロメテウス。2つとも小さな衛星で、いびつな形だ。

ph、右上を除く5点 NASA/JPL/Space Science Institute

横倒しで回る天王星

天王星は、18世紀の末に発見されました。
13本の細い環と27個の衛星をもち、
横倒しの状態で自転しています。

水、金、火、木、土の5つの惑星は、古代より存在が知られていました。天王星は木星、土星に続く3番目に大きな惑星ですが、地球から27億キロメートル以上離れているため、6等星ほどの明るさしかなく、肉眼で見るのが難しい惑星です。この太陽系の7番目の惑星は、１７８１年にイギリスの天文学者ウィリアム・ハーシェルよって望遠鏡で偶然に発見されて、ギリシャ神話の天空の神「ウラノス」（天王星）と名づけられました。

探査機ボイジャー2号が撮影した写真には、青白い色をした惑星が写っていました。大気中のメタンが赤い光を吸収し、青い光だけが反射して見えるからです。天王星の雲の下には水素、ヘリウム、メタンでできた大気があり、大気の下は氷と岩石が占めています。直径は地球の4倍ほどで、27個の衛星があります

惑星の中で天王星だけが、自転軸を約98度傾けて、横に倒れた状態で自転しています。天王星が横倒しになったのは、天体の衝突によるものだと考えられています。そのときに飛び散った破片が、赤道上に環をつくったのかもしれません。天王星には、13本の細い環があります。

11本目の環では、環の内側を回る衛星コーディリアが環の粒子を外側に整え、環の外側を回る衛星オフィーリアが粒子を内側に整えています。このような羊飼い衛星たちが、長い間環を美しく保ってきたのでしょう。

NASA/JPL

◎天王星

ボイジャー 2号が撮影した天王星。写真には見られないが、表面には縞模様や渦がある。

天王星と環とその近くを回る衛星。近くの衛星は、小さなものが多い。

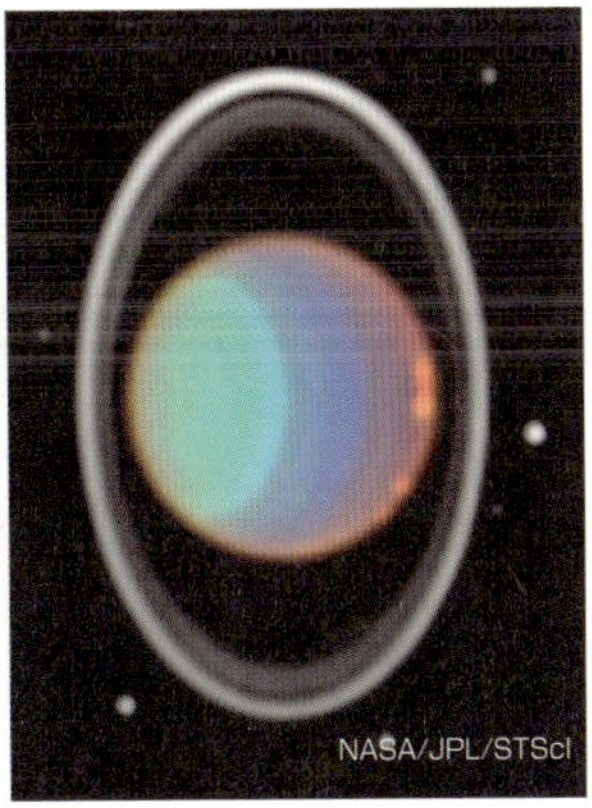
NASA/JPL/STScI

◎天王星の5大衛星 天王星の27個の衛星のうち、特に大きな衛星を5大衛星と呼ぶ。下の写真は、天王星に近い順に左から並べた。天王星は太陽から遠いので、氷が主成分の衛星が多い。

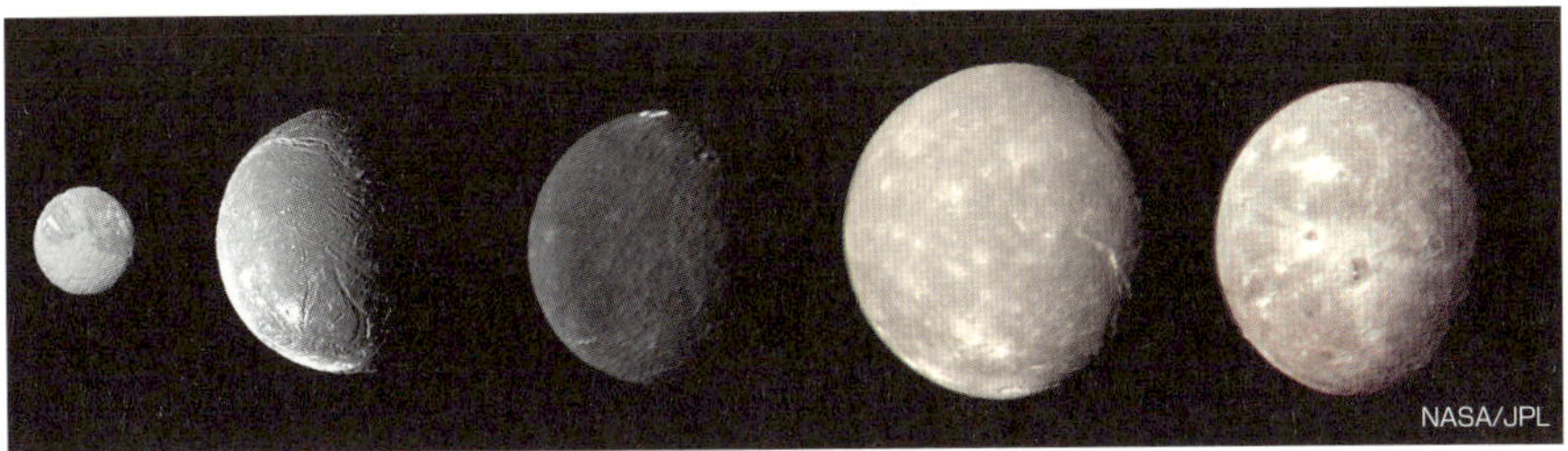
NASA/JPL

ミランダ 直径472km
エアリエル 直径1,158km
ウンブリエル 直径1,170km
ティタニア 直径1,578km
オベロン 直径1,522km

天王星のデータ

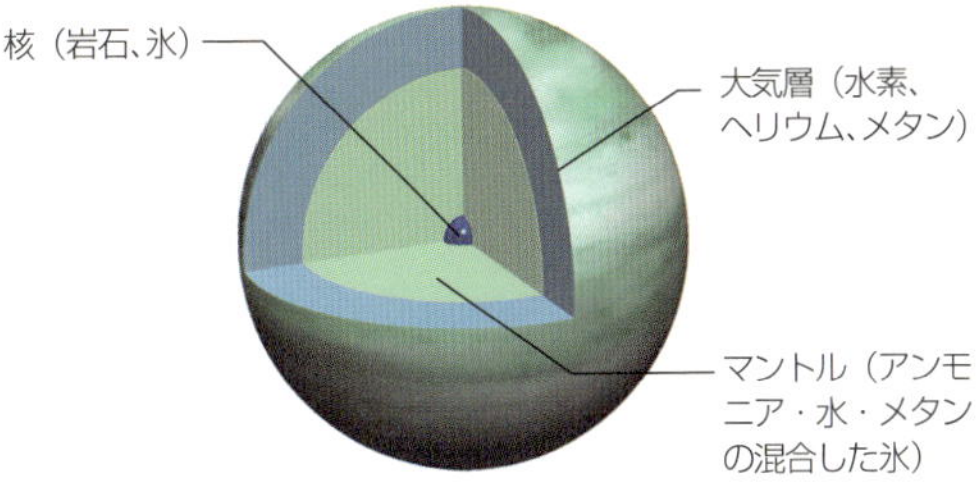
核（岩石、氷）
大気層（水素、ヘリウム、メタン）
マントル（アンモニア・水・メタンの混合した氷）

太陽からの平均距離	28億7,500万km
赤道の直径	5万1,118km（地球の約4倍）
質量	地球の約15倍
公転周期	84.0223年
自転周期	17時間14分
自転軸の傾き	97.9°
衛星の数	27個

一番遠い惑星　海王星

**海王星は、19世紀になってから発見されました。
細い5本の環と13個の衛星をもち、惑星の中で一番遠くを回っています。**

冥王星が惑星からはずれたため、海王星は太陽系の惑星の中で一番遠い惑星になりました。学校で教わった、惑星の順番を覚える語呂合わせ「すいきんちかもくどってんかいめい」は、「すいきんちかもくどってんかい」になったのです。

海王星は、１８４６年に、計算と観測によって発見されました。海王星も天王星と同じく、大気のメタンが赤い光を吸収するために青く見えます。濃い大気や雲に覆われていて、その下は氷と岩石が占めています。

海王星から見た太陽は、きわめて明るい恒星のひとつに見えます。地球には8分間で届く太陽の光も、海王星に届くまでは4時間程度かかります。

大きさは天王星とほぼ同じくらい、直径が地球の約4倍で、５本の細い環をもっています。また、海王星は13個の衛星をもっていますが、最大の衛星はトリトンです。トリトンは、約６日間で海王星を１周しています。氷でできた衛星で、窒素の大気をもっています。

トリトンの火山からは、メタンの混ざった噴煙が上がっています。トリトンの公転の向きは、海王星の自転に対して逆向きです。このような回り方をすると、海王星に引きつけられ、最後は海王星にぶつかるか、ぶつかる前に砕けて海王星の環になってしまうでしょう。しかし、そうなるまでには、数億年かかりそうです。

NASA etc→p.159

NASA/JPL

◎海王星　ボイジャー 2号が写した海王星。中央に大暗斑と呼ばれる渦や雲が見られる。

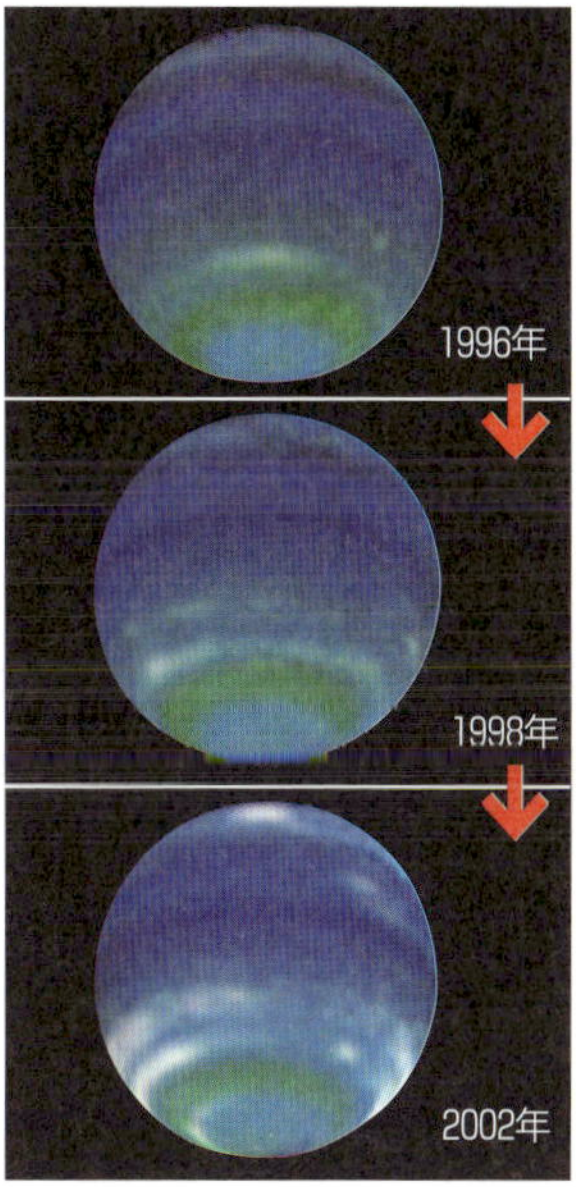
1996年
1998年
2002年

海王星の表面の変化。雲が増え、明るくなっていったのがわかる。ハッブル宇宙望遠鏡が撮影。

海王星のデータ

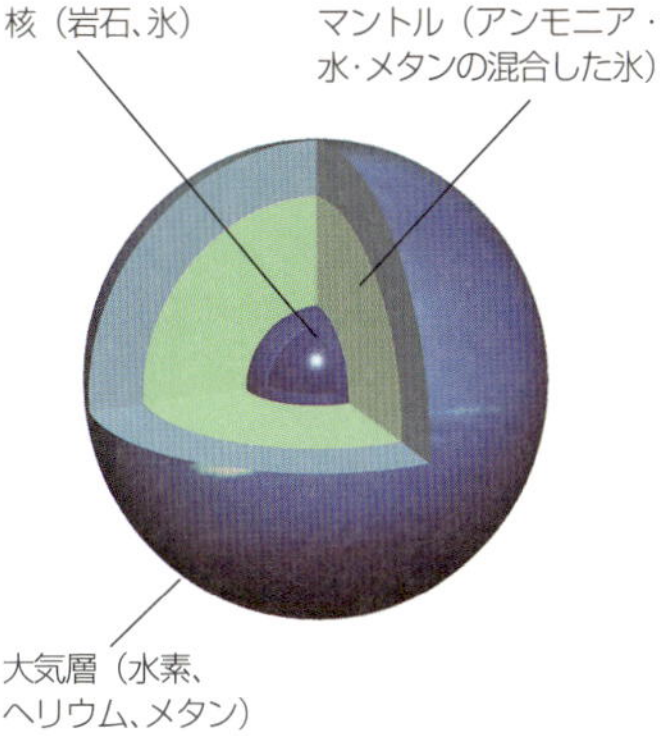
核（岩石、氷）
マントル（アンモニア・水・メタンの混合した氷）
大気層（水素、ヘリウム、メタン）

太陽からの平均距離	45億440万km
赤道の直径	4万9,528km（地球の約4倍）
質量	地球の約17倍
公転周期	164.774年
自転周期	16時間6分
自転軸の傾き	27.8°
衛星の数	13個

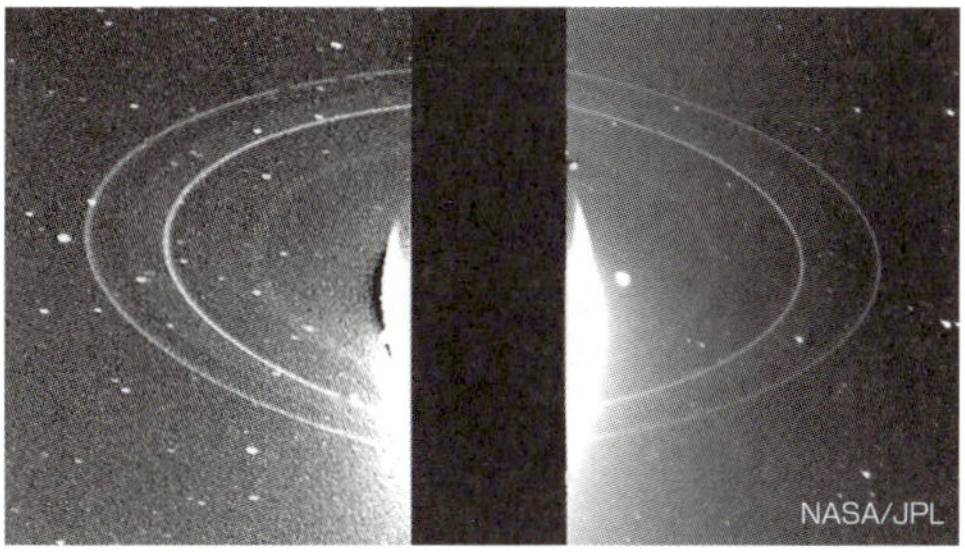
NASA/JPL

◎海王星の環　ボイジャー 2号の接近で、5本の環が確認された。海王星の環は薄いので、海王星を隠した状態で撮影された。

◎トリトン

直径は2,706km。月と地球の距離よりも近くで海王星を回っている。

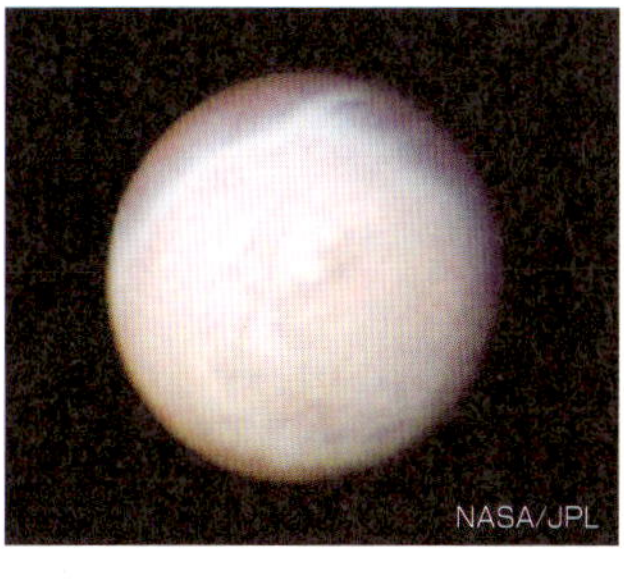
NASA/JPL

神話にまつわる惑星の名

惑星の英語名は、ギリシャ神話の神々の名に由来します。

私たちが現在使っている呼び名は、陰陽五行説にちなんでいます。


地球の英語名「アース」は、古代ヨーロッパのチュートン語がもとになっていて、ギリシャ神話の大地の女神「ガイア」にあたります。

惑星には、神々の名前がつけられ、ギリシャ神話の中でひとつの家族になっています。


ガイア（英語 アース・地球）を母、天空の神ウラノス（英語 ウラヌス・天王星）を父として、その間に生まれた12人の子供のひとりが、クロノス（英語 サターン・土星）です。

そして、クロノスの子供が、海の神ポセイドン（英語 ネプチューン・海王星）、冥界の神ハデス（英語 プルート・冥王星）、大神ゼウス（英語 ジュピター・木星）。ゼウスの子供が、伝令の神ヘルメス（英語 マーキュリー・水星）、美の女神アフロディテ（英語 ビーナス・金星）、戦いの神アレス（英語 マース・火星）です。

私たちが現在使っている、水、金、火、木、土の5つの惑星の名前は、古代中国の陰陽五行説に由来します。五行説とは、地上のすべてのものは「木、火、土、金、水」の5つの要素に分けられるという考え方です。めまぐるしく動く水星は、水の要素。明るく輝く金星は、金の要素。赤く見える火星は、火の要素。黄色く見える土星は、土の要素。残った木星には、木の要素があてはめられたようです。

PPS通信社

◉ギリシャ神話の神々 中央のアーチの上に立つのが、軍神アレス(火星)と美神アフロディテ(金星)。右端、神馬ペガソスの横に立つのが、伝令の神ヘルメス（水星)。左には、竪琴を弾く太陽神アポロンが見える。イタリアの初期ルネサンスの画家、マンテーニャ作。

◉惑星などのシンボル 占星術に使われてきたシンボル。ギリシャ神話の太陽の神アポロンは、ゼウスの息子で、月の女神アルテミスとは双子の兄妹である。

太陽
月
水星
金星
地球
火星
木星
土星
天王星
海王星
冥王星

◉五芒星 日本では平安時代から、陰陽五行説の５つの要素の働きを表わすものとして、魔よけの呪符や家紋として使われてきた。

五芒星

５つの要素の関係
例）水は火に勝つ（火---►水）
水から木が生じる（水──►木）

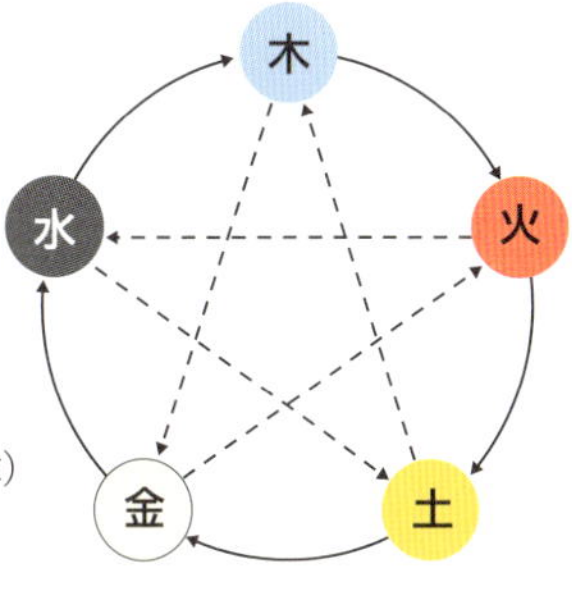
木
火
土
金
水

太陽系とともに誕生 外縁天体

太陽系外縁天体とは、海王星より遠くにある、氷と岩石でできた天体です。冥王星がその代表です。

海王星の軌道より外にある、氷と岩でできた天体を「太陽系外縁天体」と呼びます。無数の太陽系外縁天体が、広範囲に太陽系をドーナツ状に包みこんでいます。これらの天体は、46億年前に太陽系が形成されたときにできた微惑星たちです。微惑星は、太陽系誕生の記憶をそのまま冷凍保存しています。２００６年の惑星の定義の制定で、「準惑星」になった冥王星は、太陽系外縁天体の代表です。

冥王星は、１９３０年、アメリカの天文学者トンボーによって発見されました。「９番目の惑星を見つけたい」との思いから、地道な観測によって、発見されたのです。見つかったのは、８つの惑星とは違う、ゆがんだ軌道をもった天体でした。

１９９２年から冥王星の近くにたくさんの天体が発見され始め、その後、２００５年には冥王星より大きなエリスが発見されて、冥王星は太陽系外縁天体の仲間になったのです。

太陽系外縁天体は、その場所で生まれたものがほとんどです。その場所から、天体同士の衝突などで太陽の方向に押し出されると、重力に引かれて太陽に近づき、熱で氷が溶けて、長い尾になります。そのようにして、太陽を回る軌道をもつようになった天体が、ほうき星や彗星と呼ばれるようになります。

NASA, ESA, and M. Buie (Southwest Research Institute)

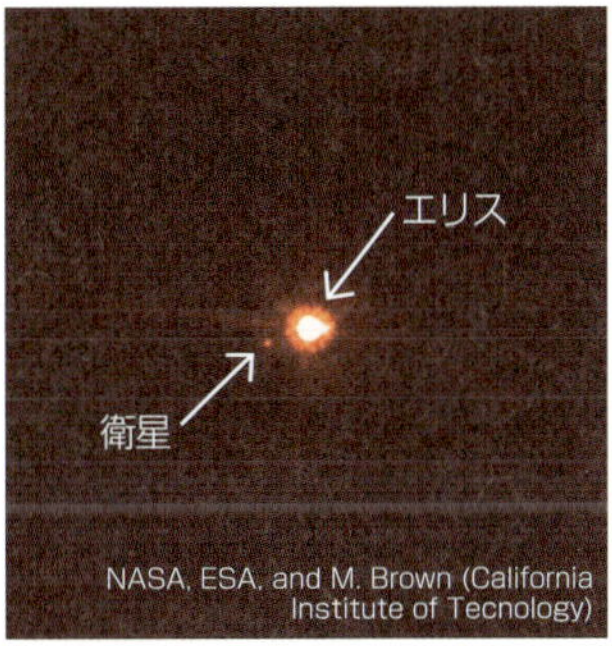
エリス
衛星
NASA, ESA, and M. Brown (California Institute of Tecnology)

◎エリス

冥王星より大きな(直径2,400km)準惑星で、衛星をひとつもつ。冥王星よりも傾いた軌道を回る。

◎冥王星

直径は2,390kmで月よりも小さく、大きく傾いた軌道を回る。岩石と氷でできており、3つの衛星がある。惑星から準惑星になった。

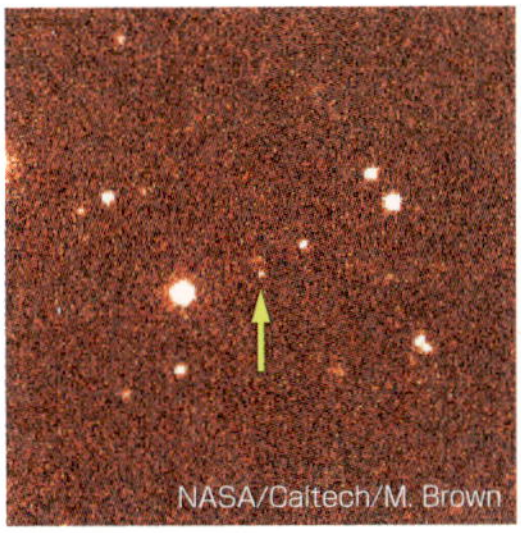
NASA/Caltech/M. Brown

◎セドナ

エリスよりもさらに遠くを回る外縁天体で、一番太陽に近づいたときでも100億kmも離れている。軌道がとてもゆがんでいる。

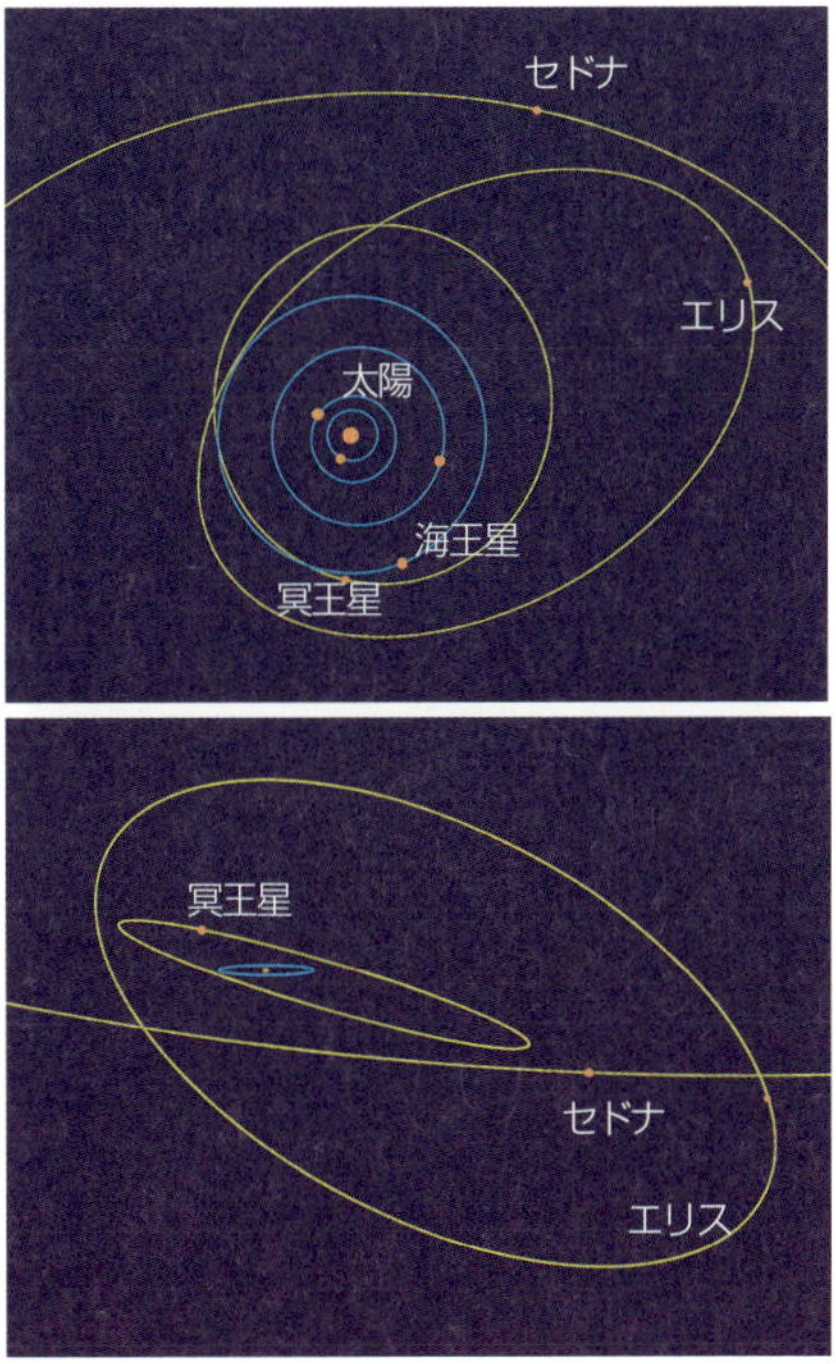
セドナ
エリス
太陽
海王星
冥王星
冥王星
セドナ
エリス

◎太陽系外縁天体の軌道

惑星と冥王星、エリス、セドナの軌道図。下は惑星の公転方面から見た図。太陽系外縁天体の軌道が、非常にゆがんでいることがわかる。

準惑星は増えていく？

準惑星は、現在、小惑星のケレスと太陽系外縁天体4つで、計5つです。今後、条件を満たす天体が発見されると、さらに数が増える可能性があります（p.45参照）。

彗星の落とし物　流星

流星は、彗星が太陽の近くを通るときに落とした砂粒が、
地球の大気に飛び込み、明るく輝き燃えつきたものです。

流れ星（流星）は、星とは違って、地球の大気に飛び込んだ小さな砂粒です。１ミリメートルから１センチメートルの砂粒が、猛スピードで地球の大気に飛び込み、大気の摩擦で明るく輝き燃えつきたものです。流れ星の砂粒は、ほとんどが彗星が太陽の近くを通るときに落としていったものです。彗星の中に混ざっていた砂粒が、彗星から放出され、彗星を追いかけるように太陽を回り始めます。彗星は太陽を巡るたびに砂粒を落とし、砂粒は彗星の軌道に沿ってリングをつくります。地球がリングを横切ると、その夜はたくさんの流れ星が流れる「流星群」になります。

●●●

毎年必ず流れる流星群もあり、流れ星がやってくるように見える方向の星座の名前がついています。１月初めの「しぶんぎ座流星群」、８月中旬の「ペルセウス座流星群」、12月中旬の「ふたご座流星群」は３大流星群と呼ばれ、星空のきれいなところだと、１時間に数十個もの流れ星を楽しむことができます。

●●●

１９９８年から２００２年にかけ、しし座流星群が話題になりました。この期間には年ごとに、さまざまな国でたくさんの流れ星が流れました。日本でも２００１年11月19日に、１時間あたり３０００個以上の流れ星が流れたのです。この夜は、テンペル・タットル彗星がつくった砂粒のリングの中を地球がくぐり抜けたのです。

◉ハレー彗星

名前は、軌道を計算したイギリスのハレーにちなむ。76年周期で地球に近づき、次に近づくのは2061年。

4点ともA.Fujii

◉ヘール・ボップ彗星

1995年に発見され、1997年に地球に近づいた。とても明るく、最大で−1.7等の明るさだった。

彗星の尾の白いところが、流れ星のもとになる砂粒だ。

◉流星

彗星から生み落とされた砂粒が流星になる。

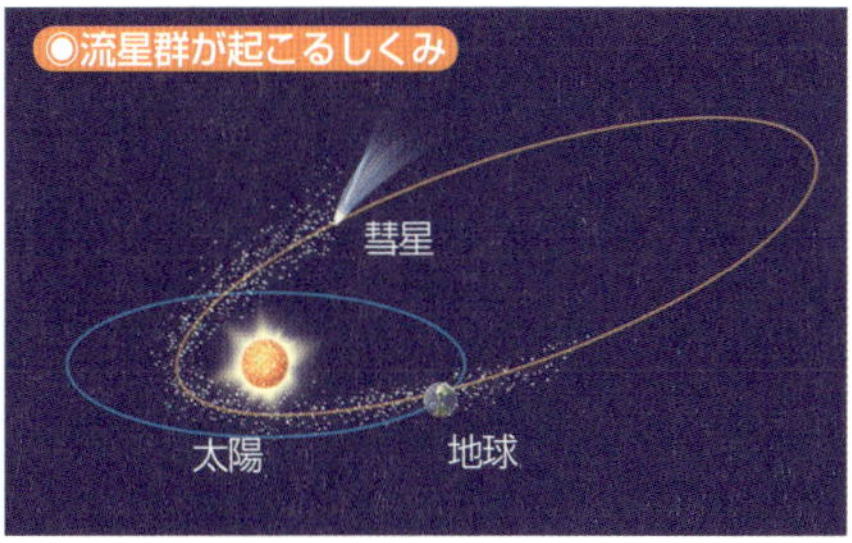

◉流星群が起こるしくみ

彗星が放った砂粒の軌道に地球が近づくと、地球からは流星群として見られる。

◉しし座流星群

毎年11月の中旬あたりに現れる。1998年から2002年にかけて大出現した。

column 2

恐竜を絶滅させたものは

●恐竜と隕石

巨大隕石の落下を見つめるトリケラトプス。

米津景太/Nature Illustration

私たち哺乳類の祖先が、まだ小さなネズミほどの大きさだったころ、この地球を闊歩《かっぽ》していた恐竜たち。2億３０００万年ほど前に現れて、1億５０００万年以上にわたって進化、繁栄しました。全長30メートルを超える草食恐竜や10メートルを超える肉食恐竜もいました。大きく強いだけでなく、子育てをするものや、羽毛をもって枝から枝へ飛ぶものなど、さまざまな恐竜が生まれました。私たち哺乳類の祖先は、そんな恐竜たちの陰で、こっそり生きていたのです。

その恐竜たちが滅んだのは約６５５０万年前。絶滅の原因には諸説ありましたが、最近の研究で、直径10〜15キロメートルもの巨大隕石（小惑星）の衝突によって、地球の気候が大きく変わったためという説がほぼ確実になりました。

たったひとつの隕石で、それほど大きな変化が生まれるのです。ただし、恐竜は今、鳥という姿で生き残っていることもわかったのですけれど。

chapter

3 夜空に輝く恒星

もしも太陽がビー玉だったら・・・

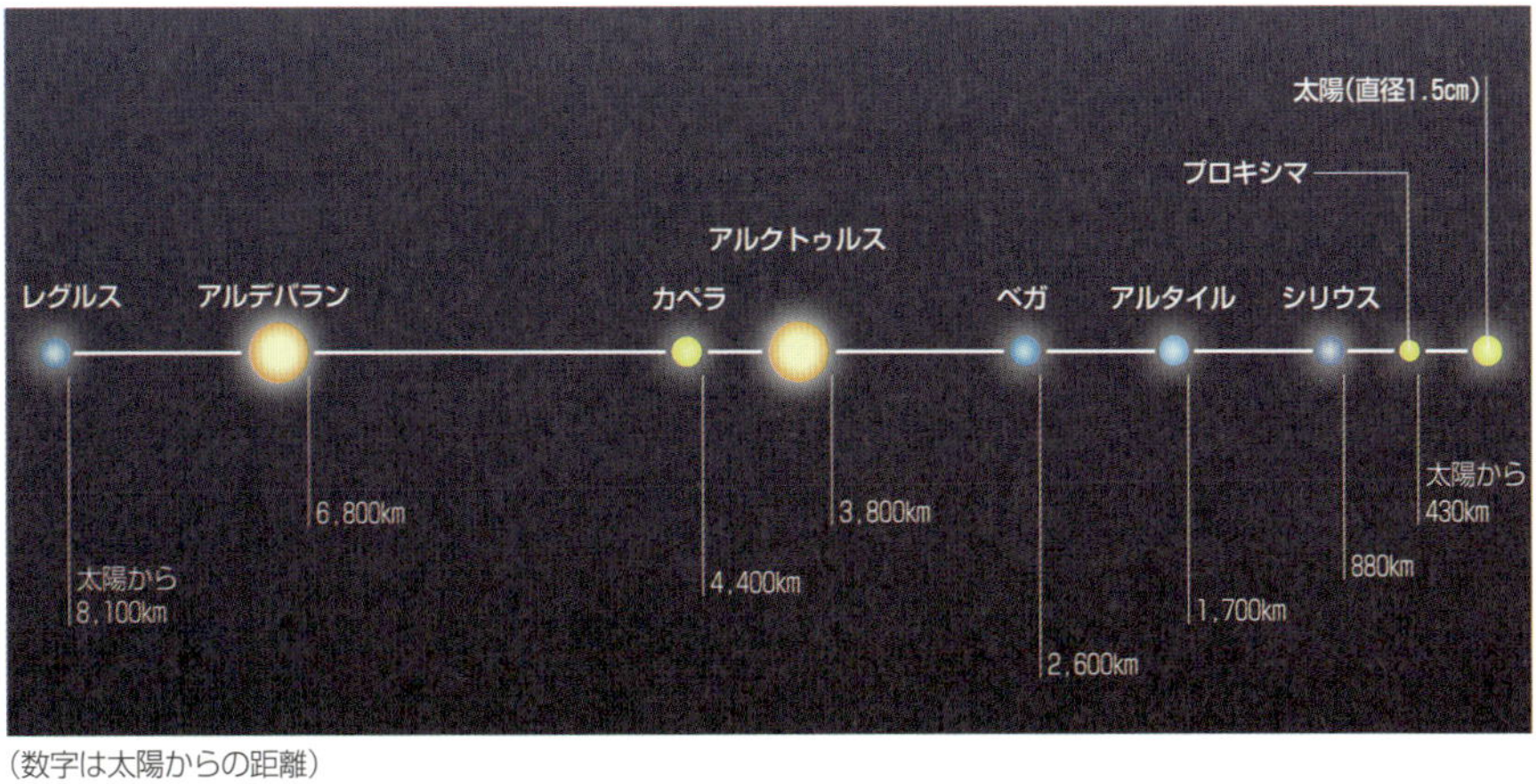
太陽(直径1.5cm)
プロキシマ
アルクトゥルス
レグルス
アルデバラン
カペラ
ベガ
アルタイル
シリウス
6,800km
3,800km
太陽から
430km
880km
4,400km
太陽から
8,100km
1,700km
2,600km

(数字は太陽からの距離)

自ら光り輝く恒星

夜空の星は、ほとんどが恒星です。
自ら輝き、規則正しく空を移動します。
地球に一番近い恒星は、太陽です。

夜空に輝くほとんどの星は、「恒星」と呼ばれています。「恒《つね》に変わらない星」、恒星と名づけられたのです。恒星は中心核で核融合反応を起こし、大量の光と熱を放出しながら、自ら輝いています。

恒星は星座を形どり、規則正しく空を巡ります。今宵見上げる星空は、平安貴族や戦国武将も見上げていたのです。

夜空には、金星、火星、木星、土星が、恒星よりも明るく見えることがあります。惑星は恒星と違って、太陽の光を反射して光っています。恒星の間を移動するため、「惑う星」、惑星と名づけられました。

恒星の中で一番地球に近いのは、太陽です。明るさは、マイナス27等、地球からの距離は約1億5000万キロメートル。太陽からの光は、8分で地球に届きます。

二番目に近い恒星は、南半球で見られるケンタウルス座α《アルファ》星の三重連星のひとつ、プロキシマです。大きさは太陽の7分の1です。プロキシマを出た光は約4年で地球に届きます。

身近な星で一番近いのは、おおいぬ座のシリウスです。全天で10番目の近さです。今宵の光は、9年近くも前にシリウスを出たものです。

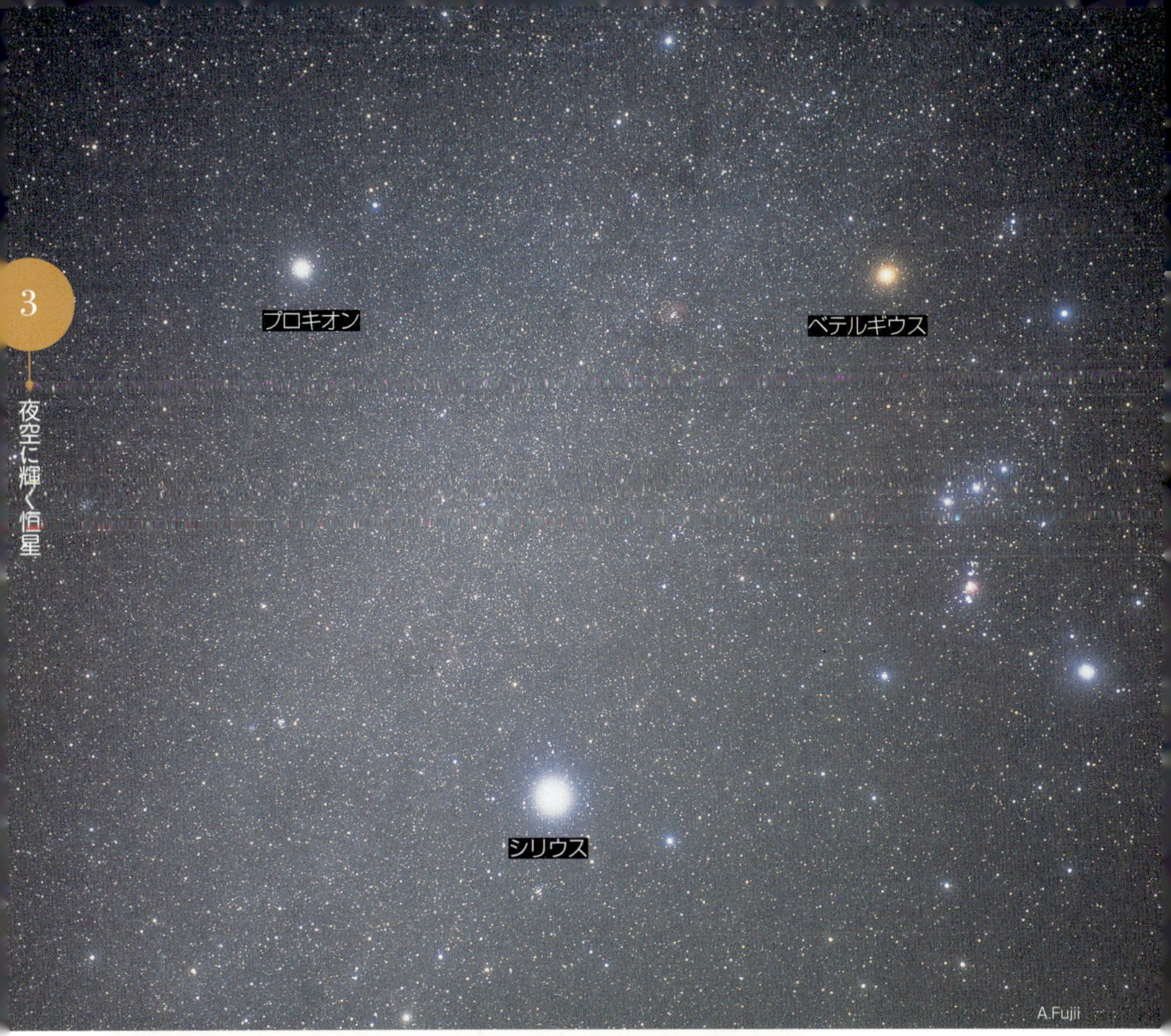
プロキオン
ベテルギウス
シリウス
A.Fujii

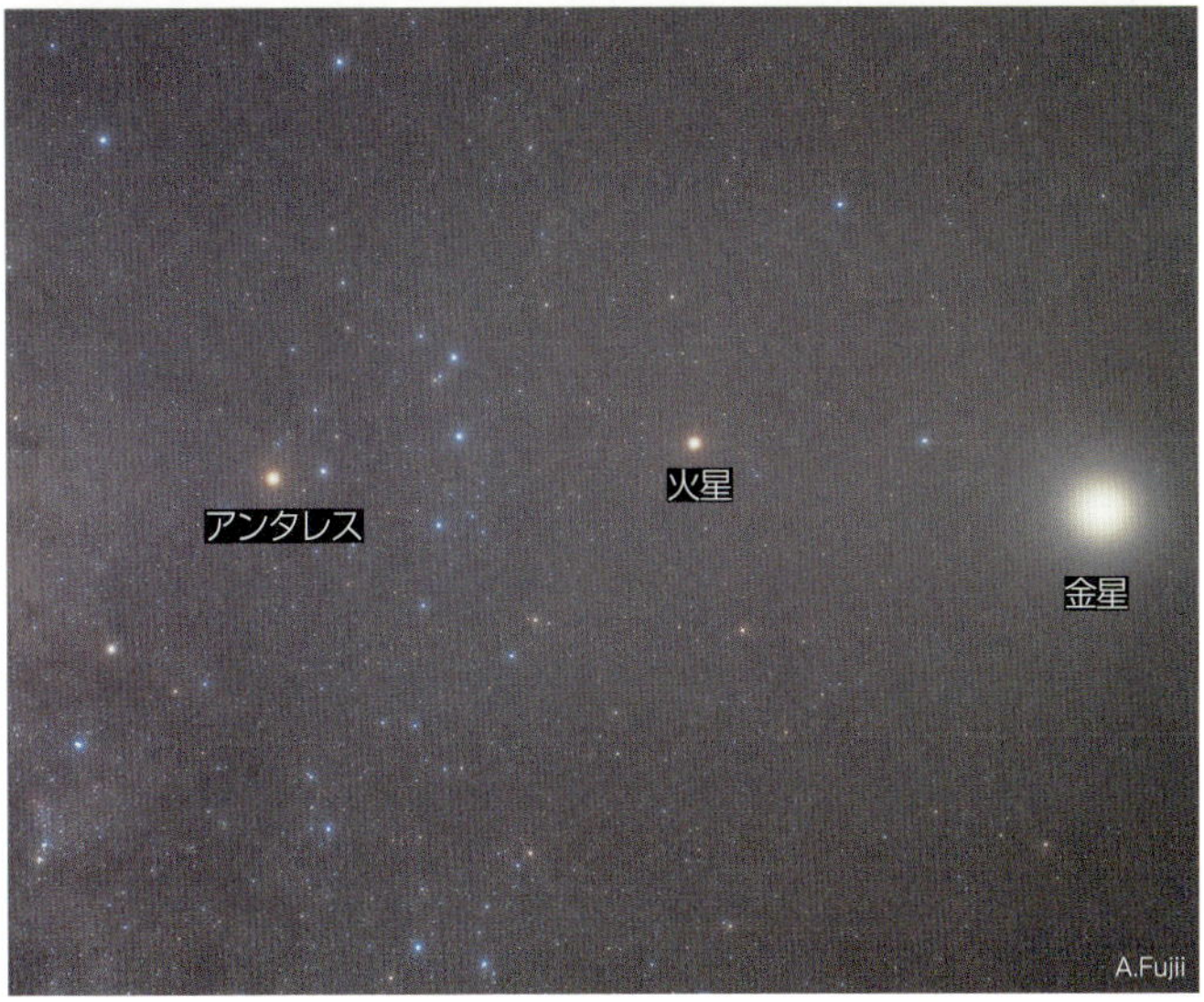
アンタレス
火星
金星
A.Fujii

▲おおいぬ座のシリウスは8.6光年の距離にある、全天一明るい恒星。こいぬ座のプロキオン、オリオン座のベテルギウスとともに冬の大三角を形づくっている。

◀さそり座のアンタレス（恒星）と並ぶ火星と金星（惑星）。

意外に少ない星の数

星の等級は、古代ギリシャ時代に決められました。
肉眼で見られる星の数は意外に少なく、
4000個ほどです。

星の明るさは、明るい順に、1等星、2等星と等級で表されます。紀元前150年ごろ、ギリシャの天文学者ヒッパルコスが、肉眼でようやく見える星を6等星、明るい星を1等星として、星の等級を振り分けて決めました。

1等減るとおよそ2・5倍明るくなります。1等星は6等星より100倍近く明るいことになります。

全天の星は1等星21個（0等星、マイナス1等星も含む）、2等星が67個、3等星が190個、4等星が710個、5等星が2000個、6等星が5600個ほどですから、肉眼で見える星の数は、全部で約8600個になります。

全天の星の半分は、地面で隠れて見えないので、満天の星空でも見えるのは4000個ほどです。都市部では、星がよく見えるときでも、見えるのはせいぜい3等星までですから、100個数えられればよい方でしょう。

ところで、地球に近い星は明るく、遠くにある星は暗く見えます。そのため等級は、本当の星の明るさではありません。そこで、すべての星を地球から32・6光年（10パーセク）に置いた明るさを「絶対等級」と呼んで、星の本当の明るさと決めています。

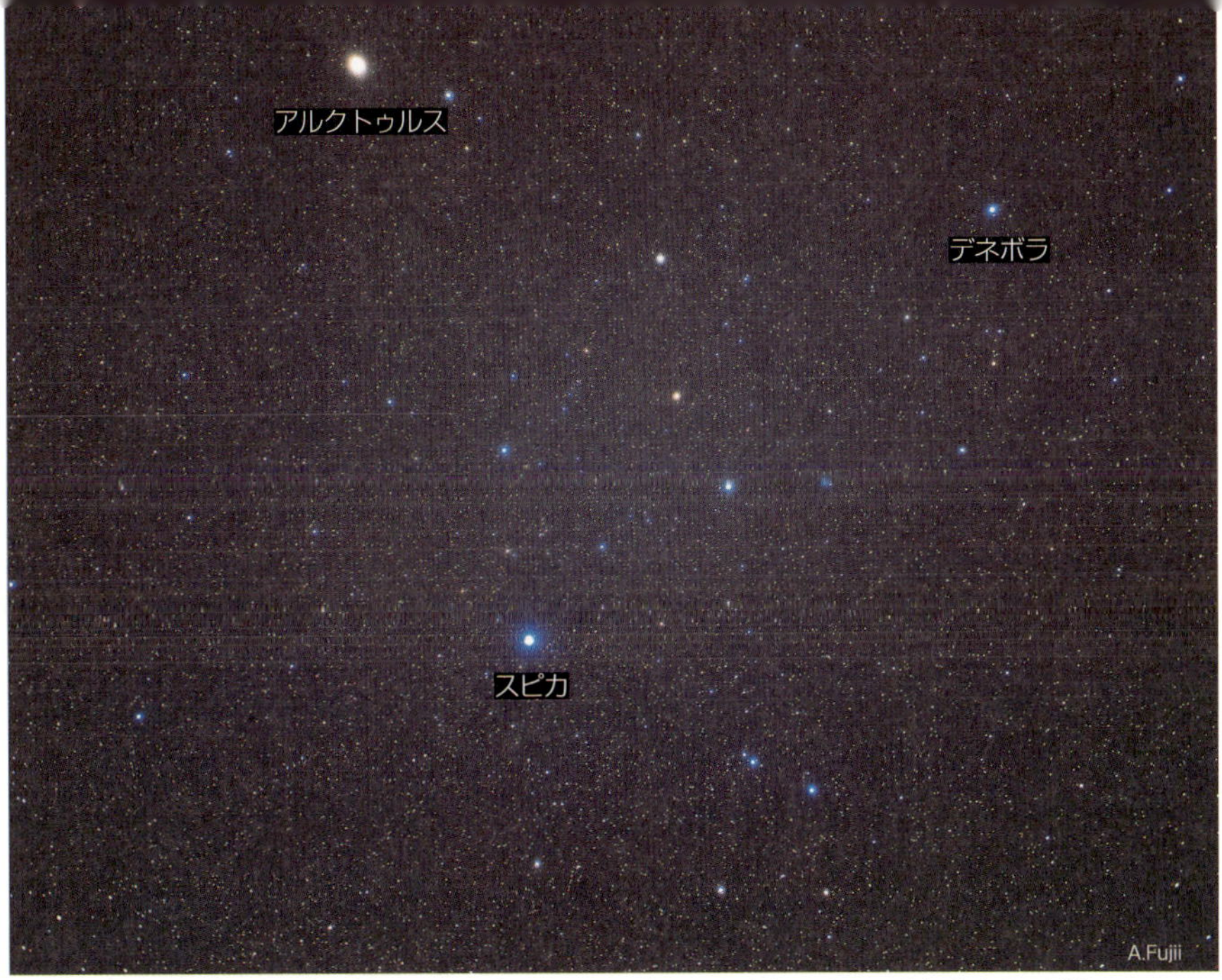

空にはさまざまな明るさの星が見られる。上はうしかい座のアルクトゥルス、おとめ座のスピカ、しし座のデネボラが形づくる春の大三角。

◎星の見かけの等級と絶対等級

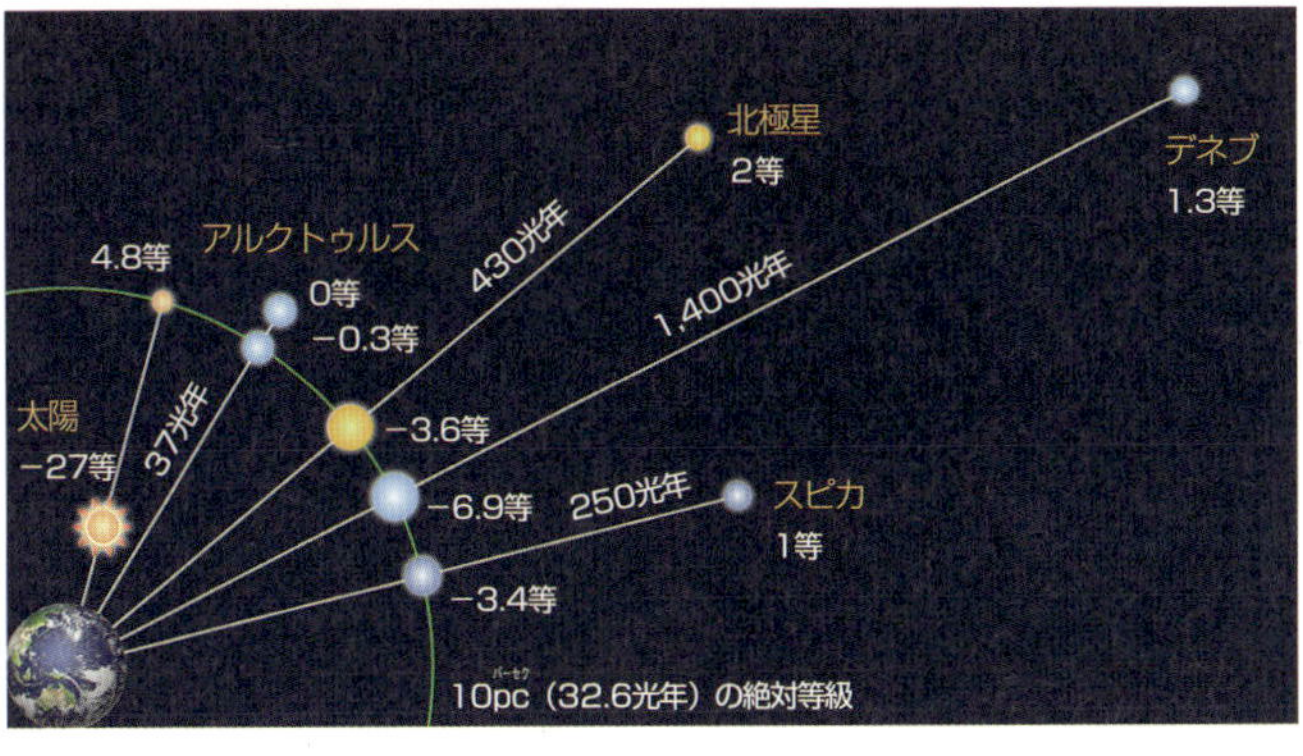

近くにある星は明るく見えるため、星の本当の明るさを表すには、すべての星を地球から同じ距離（10パーセク）に置いた絶対等級を使う。

＊1パーセク（pc）=3.26光年
=20万6,000天文単位(AU)
=30兆9,000億km
1天文単位（AU)は、地球と太陽の平均距離で、1億5,000万km。

マイナスだけど、明るさはプラス

1等星よりも明るい星は、0等星と呼びます。次に明るい星は−《マイナス》1等星と呼び、明るくなるほどマイナス記号の後ろの数が増えていきます。夜空で一番明るいシリウスは−1.4等、金星は最大で−4.7等、月は最大で−12.6等、太陽は−26.75等です。

崩れてゆく星座

夜空には88の星座が見られます。
星座は実は、少しずつ
形を変えています。

◎北天
天の北極（北極星）を中心にした空。

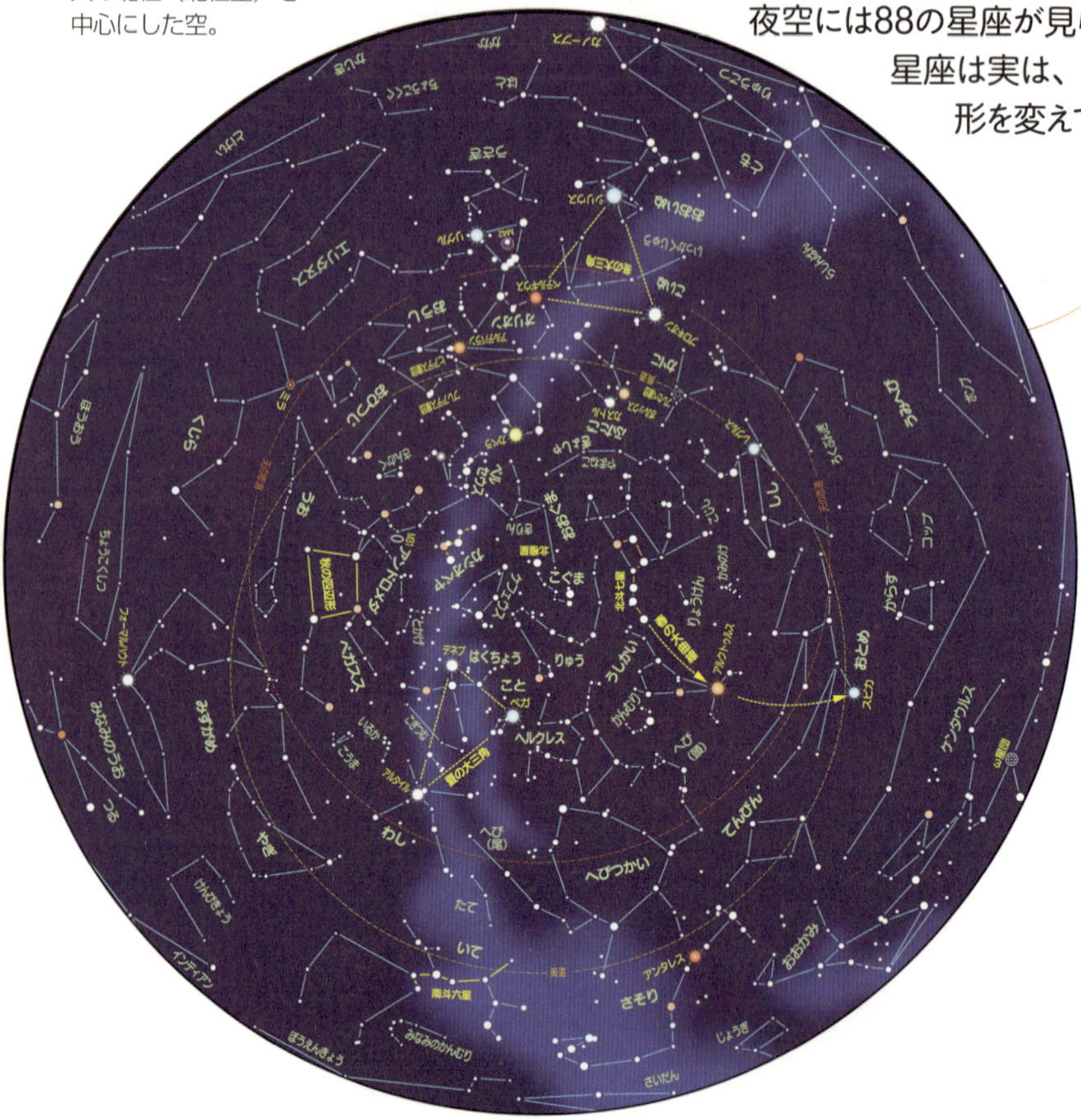

夜空に見えている恒星は、主に地球から1000光年以内の星たちです。

約5000年前、星を結んで神や動物の名前がつけられ、星座の原型ができました。しかし、5000年の年月の間に、いろいろな国や人によって、星空には多くの名前がつけられ、ごちゃごちゃしてしまったのです。

そこで、1928年の国際天文学連合の第3回総会で、星座は整理されて、すべての星がどれかの星座に含まれるように、境界線で区切られました。こうして星座は、世界共通の88星座に統一されたのです。

●●●

ところで恒星は、それぞれが固有に運動をしています。遠くにあ

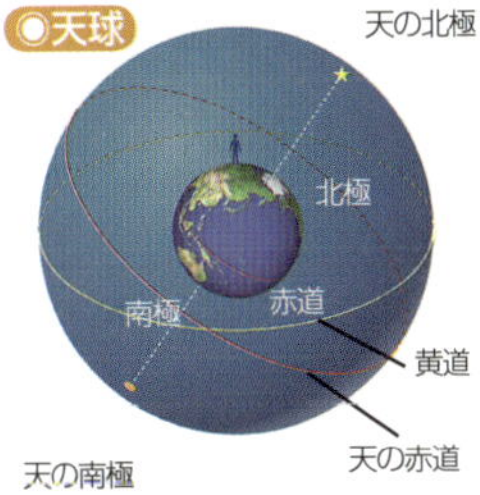
◎天球
天の北極
北極
南極
赤道
黄道
天の赤道
天の南極

全天の88星座

1928年に統一された、世界共通の星座。

◎南天

天の南極を中心にした空。

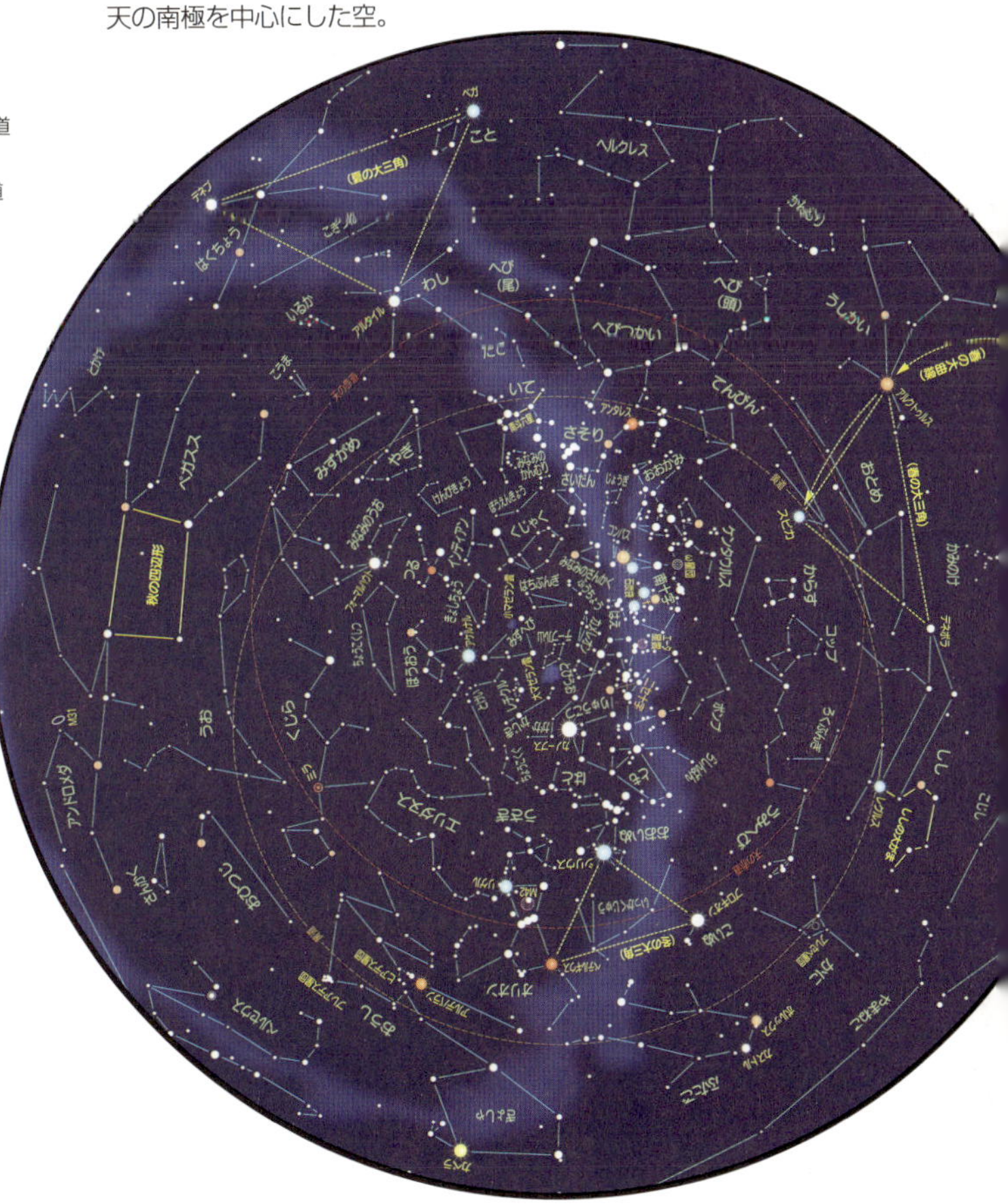
ベガ
こと
ヘルクレス
デネブ
(夏の大三角)
はくちょう
わし
アルタイル
へび(尾)
へび(頭)
へびつかい
うしかい
アルクトゥルス
(春の大三角)
てんびん
いて
さそり
アンタレス
やぎ
みずがめ
ペガスス
秋の四辺形
おとめ
スピカ
からす
コップ
かみのけ
デネボラ
しし
レグルス
アンドロメダ
くじら
うお
エリダヌス
オリオン
シリウス
プロキオン
(冬の大三角)
ベテルギウス
カペラ

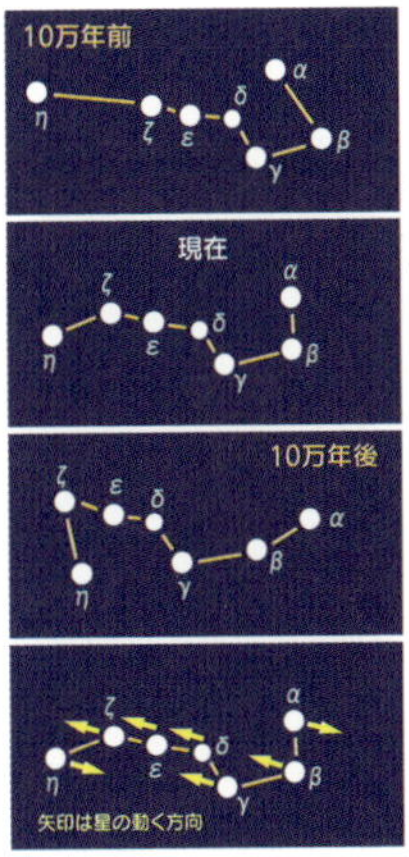
10万年前
現在
10万年後
矢印は星の動く方向

星はそれぞれが宇宙を高速で動いているため、星座の形は少しずつ変化する。上は、北斗七星の形の変化。

るために気がつきませんが、星座は少しずつ形を変えているのです。10万年もすると全く違う形になっています。このことに気がついたのは、ハレー彗星に名が残る、イギリスのエドモンド・ハレーです。

ハレーは、１７１８年にグリニッジ天文台で測定した星の位置と、紀元前１５０年ごろにギリシャの天文学者ヒッパルコスが測定した星の位置が違うことに気がつきました。シリウスとアルクトゥルスが０・５度以上動き、アルデバランもわずかに動いていたのです。

恒星である太陽も、１秒間に20キロメートルもの速度で、こと座のベガの近くにある太陽向点に向かって移動しています。

踊る連星
気分屋の変光星

恒星がカップルとなり、回転しているものを連星と呼びます。
また、明るさが変わる星を変光星と呼びます。

夜空に輝く星は、ひとつひとつが独立しているように見えますが、望遠鏡を通して見ると、半分以上の星がカップルになっています。お互いの重力で引き合って、ダンスを踊るように回っているのです。ほとんどの星は一度カップルになると、添い遂げるようです。

夜空で一番明るい、おおいぬ座のシリウスも、パートナーをもった連星です。

星の中には、お相手が複数いる星もあります。３つ以上の星が一緒に回っているものは、多重連星と呼ばれています。ふたご座の兄の星、２等星のカストルは、６個の星が一緒に回る多重連星です。

明るさが変わる星もあります。有名なのが、くじら座のミラです。明るいときは2等星で良く見えるのに、暗いときは10等星になって、肉眼で見えなくなってしまいます。

変光に気がついた人は、びっくりしたのでしょう。ラテン語で「不思議なもの」を意味する「ミラ」と呼ばれています。ミラは年老いた爆発前の星で、膨張と収縮を３３２日かけて繰り返す、脈動変光星です。膨らむと光が弱まって暗くなり、戻ると明るくなるのです。

◎連星と見かけの二重星 カップルではないのに、同じ方向にあって連星のように見える星を「見かけの二重星」と呼ぶ。地上からは近くにあるように見えるが、実際は距離が離れている。

連星

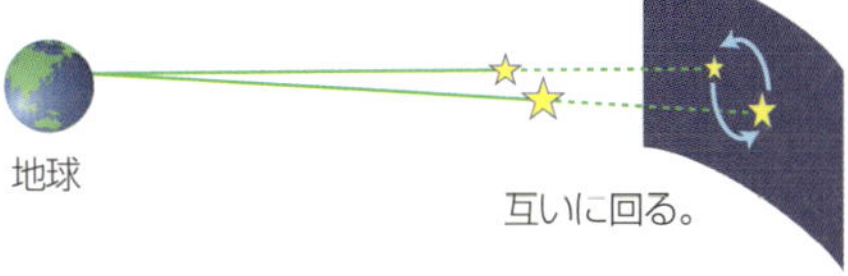
地球
互いに回る。

見かけの二重星

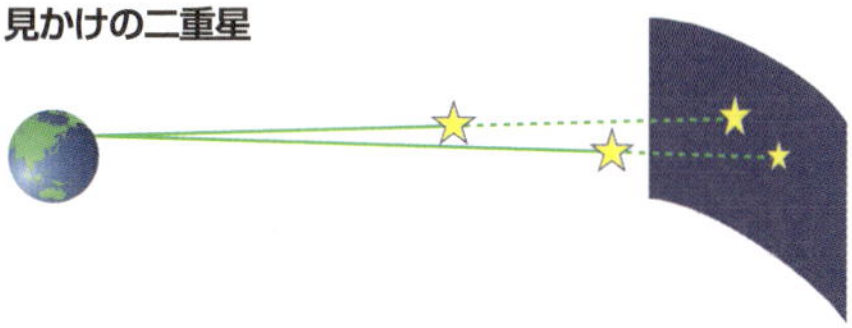

◎変光星 脈動変光星のほかにも、変光を起こす星がある。

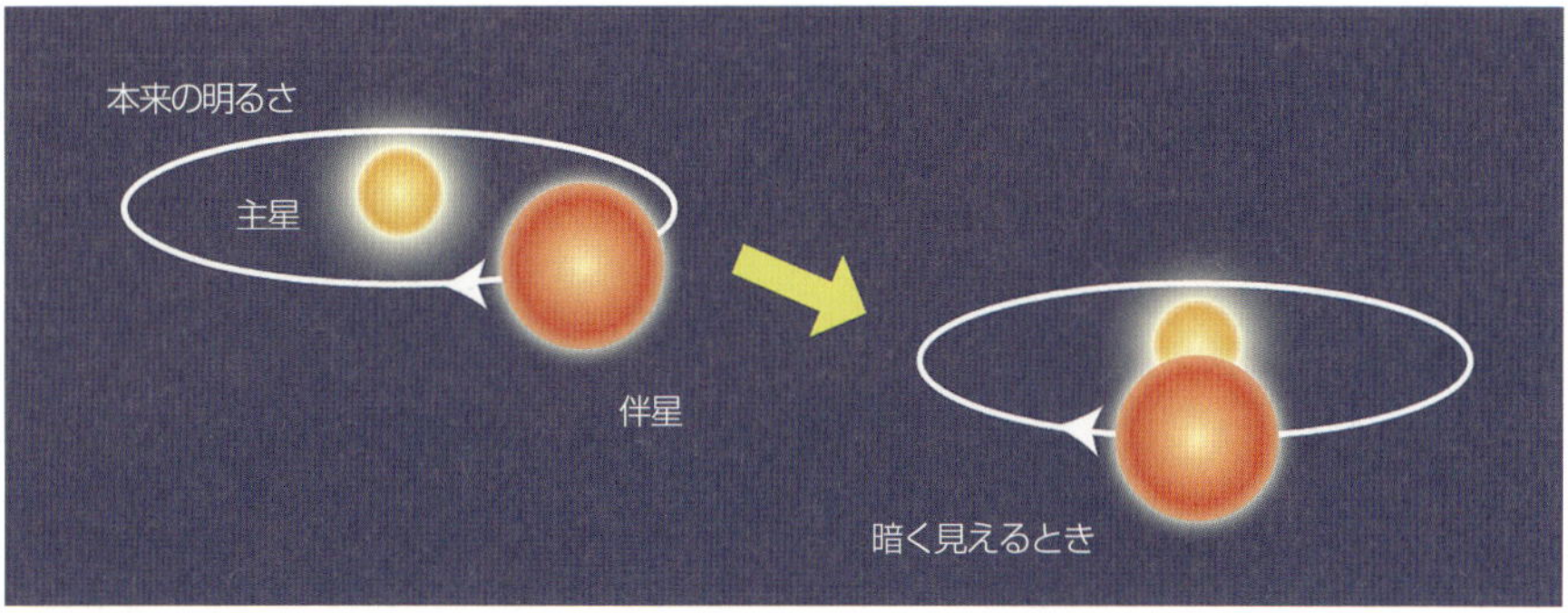
本来の明るさ
主星
伴星
暗く見えるとき

食変光星　主星のまわりを回る伴星が、主星の前を横切るときに、主星が暗く見える。

2002年5月
NASA, ESA and H.E. Bond (STScI)

2004年10月
NASA, ESA and H.E. Bond (STScI)

激変星

さまざまな原因により、突然明るくなる。写真はいっかくじゅう座のV838の変化の様子。

重さで決まる星の一生

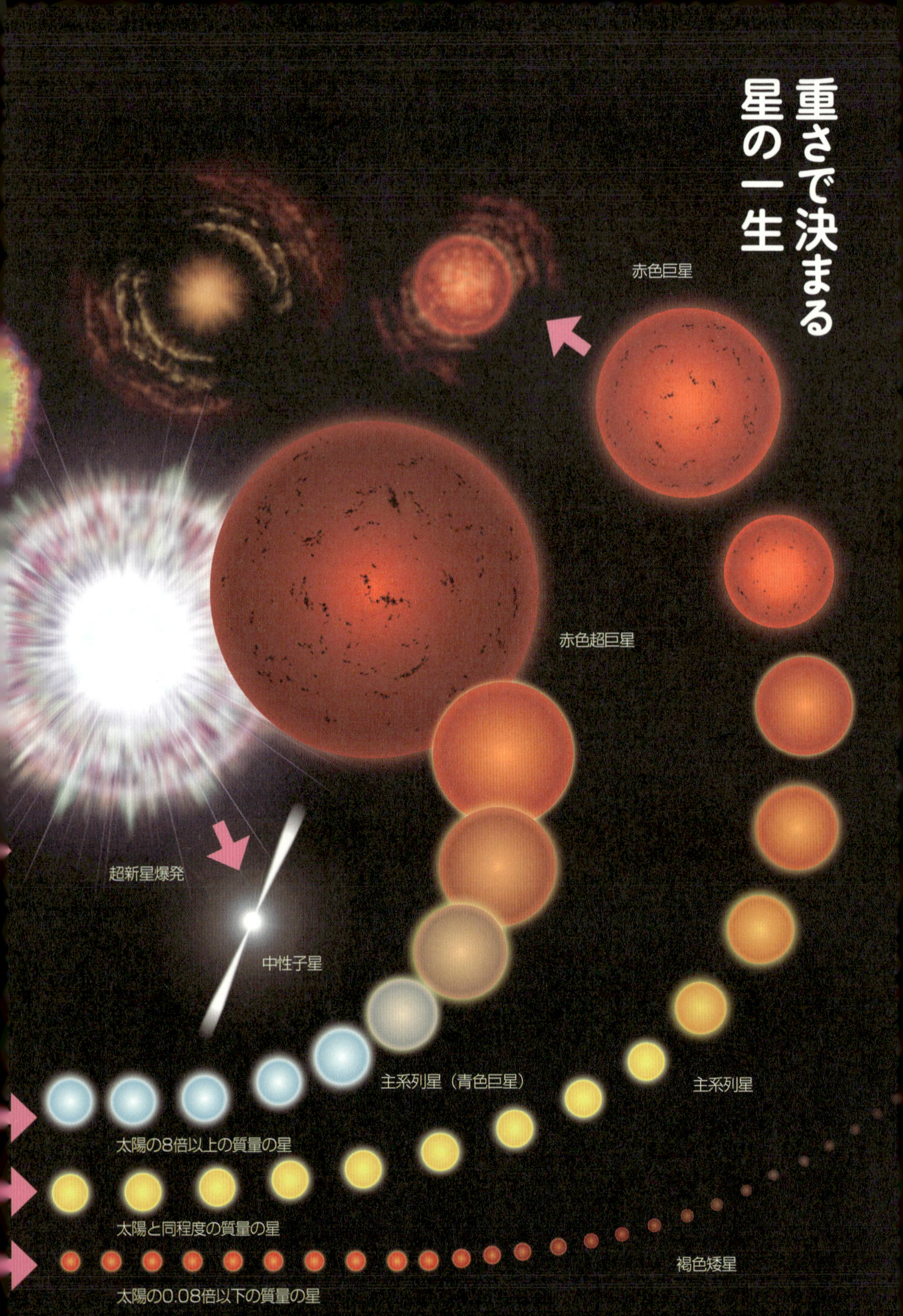

赤色巨星
赤色超巨星
超新星爆発
中性子星
主系列星（青色巨星）
主系列星
太陽の8倍以上の質量の星
太陽と同程度の質量の星
褐色矮星
太陽の0.08倍以下の質量の星

星の一生は、星が生まれたときの質量で決まってきます。重い星ほど、明るく輝き、短い一生を終え、華やかに散っていきます。恒星の中で平均的な重さの太陽は、普通の明るさで100億年生きて、最後は穏やかに散っていきます。重さが、太陽より8倍以上30倍以下の恒星は、数千万年生きて爆発を起こし、小さくてものすごく重い中性子星になります。重さが、太陽より30倍以上ある恒星は、とても明るく輝いて、数百万年で質量を使いはたして最後は大爆発を起こし、ブラックホールを残すのです。

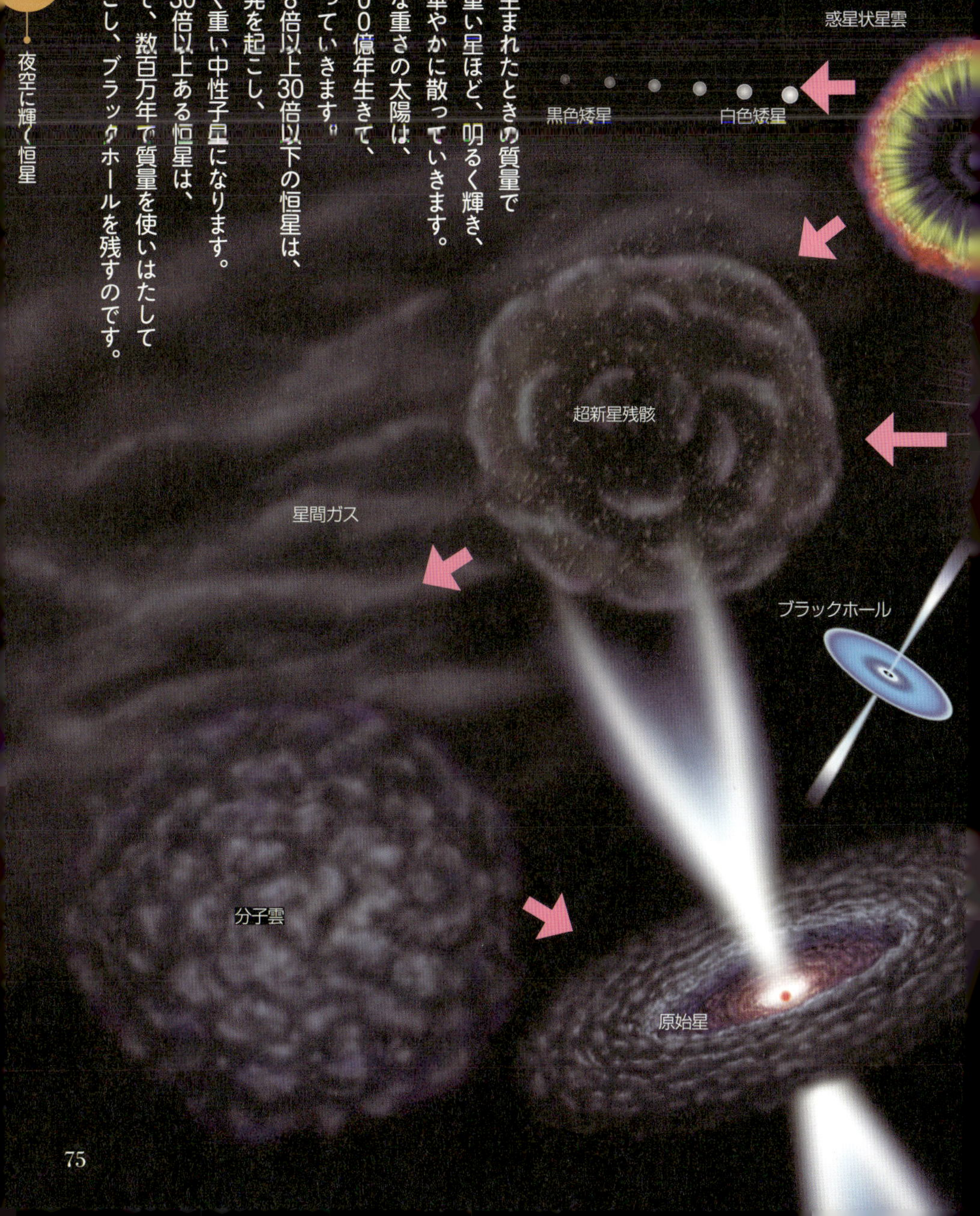
惑星状星雲
白色矮星
黒色矮星
超新星残骸
星間ガス
ブラックホール
分子雲
原始星

雲から生まれる赤ちゃん星

恒星は、ガスやちりが集まった暗黒星雲から生まれます。誕生した原始星は、温度と密度が高まると輝き始めます。

宇宙には、ガスの雲が浮かんでいる場所があります。雲は「星雲」と呼ばれ、濃いところでは重力が働き、星の卵ができます。卵（原始星）のまわりにはドーナツ状の円盤ができて、回転を始めます。

円盤に取り込まれなかったガスは、円盤と垂直な方向に噴出し、ジェットになります。ジェットは、原始星のまわりのガスを吹き飛ばし、やがて星の成長は止まります。星雲の中では、たくさんの原始星が誕生します。

ガスが集まって重くなった原始星は、重力により中心の温度と密度が高くなっていきます。そして、中心の温度が１０００万度を超えると、水素が合体してヘリウムに変わる核融合が起こります。核融合ができるようになると、光エネルギーを放出する一人前の恒星になります。

星雲は、消えていった星からの贈り物です。星は寿命が尽きると、ガスやちりにもどり、宇宙に広がって雲をつくるのです。この星雲は光らないため、「暗黒星雲」と呼ばれます。

星が生まれると、雲は吹き飛ばされて薄くなります。薄くなった雲は、星の光によって明るく照らされ、「散光星雲」と呼ばれるようになります。

宇宙が誕生してから、この営みは何度も繰り返されてきました。そして、これからも続いていきます。

◎暗黒星雲

オリオン座の三つ星の近くにある暗黒星雲。その形から、馬頭星雲と呼ばれている。この中でたくさんの星が生まれている。背後にあるのは散光星雲。

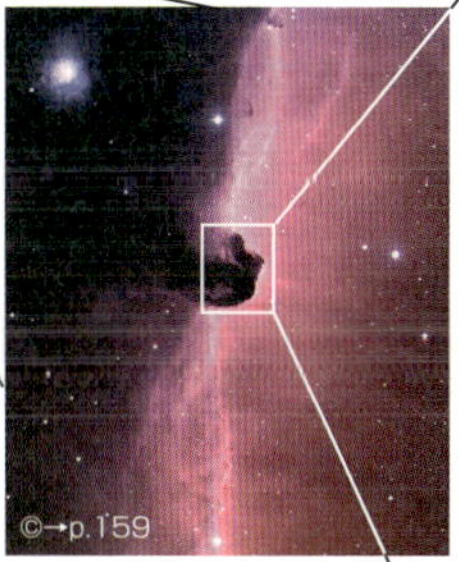

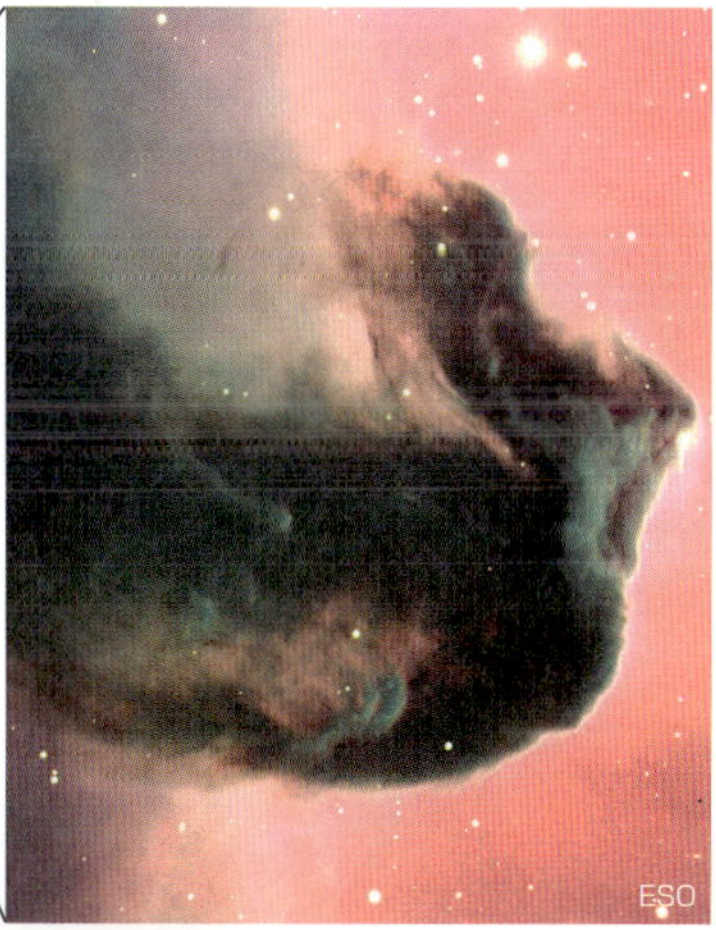

◎原始星 散光星雲NGC1333の中にある原始星。

▲原始星の円盤と、そこから噴き出すジェットの想像図。

兄弟星の集団　散開星団

星雲から生まれた若い星たちは、散開星団と呼ばれる集団をつくります。星団にはほかに、球状星団があります。

同じ星雲から生まれた数十個から数百個の兄弟星たちは、しばらくは「散開星団」と呼ばれる集団をつくって、宇宙をともに旅します。おうし座のM45プレアデス星団（和名「すばる」）も、数千万年前に星雲から生まれました。

すばるは、地球から４１０光年の距離にあります。一番明るいアルキオーネが３等星で、５つの４等星も見えています。望遠鏡を使うと、多くの星の集まりが見えます。１２０個ほどの若い星の集まりです。

星団は銀河を巡るうちに、ばらばらに離れてゆきます。太陽も46億年前に、星雲からたくさんの星とともに生まれ、分かれていきました。46億年たった今となっては、どの星が兄弟星かわからなくなっています。

星団には、「散開星団」と「球状星団」の全く違う二種類があります。若い星の集団である散開星団と違って、球状星団の多くは古い星の集まりです。数万から数百万個の星が、ボール状に集まっています。球状星団はどうやってできたのか、なぜ銀河系をくるむように存在するのか、解明されていません。謎にみちた天体なのです。

北半球で最も明るい球状星団のひとつに、ヘルクレス座のM13があります。地球から２万５１００光年の距離にあり、誕生から約１３０億年と考えられています。

おうし座にある散開星団のプレアデス星団（M45）。『枕草子』にも「すばる」の名で登場する。

球状星団M13。10万個以上の星の集団で、暗い夜空であれば肉眼でも見ることができる。

星を見分けるHR《エイチアール》図

HR図とは、星を表面温度と明るさで種類分けした図です。
星の誕生から死までの姿もたどることができます。

夜空に輝く星には、色があります。星の色は、星の表面温度によって決まってきます。青い星は温度が高く、白、黄色、オレンジ、赤の順に温度は下がっていきます。星の色と温度の関係に気づいた天文学者、デンマークのヘルツシュプルングとアメリカのラッセルによってつくられたのが、星を表面温度と明るさで分類した、ＨＲ（ヘルツシュプルング・ラッセル）図です。ＨＲ図のどこに描かれているかで、その星の種類がわかります。

図の中心に左上から右下に並んでいる星は、「主系列星」と呼ばれます。質量が大きいほど明るく輝く、星として安定している時期の星たちです。太陽は主系列星のほぼ真ん中にあり、大きさも明るさも平均的な星です。

主系列星の左上は、大きく明るい星たちです。太陽の数千倍以上明るい「青色巨星」が並んでいます。

主系列星の右下は、太陽の3分の1程度の重さの「赤色矮星」が並んでいます。

主系列星から離れた、右上にある星たちは、「赤色巨星」や「赤色超巨星」と呼ばれています。星としての安定期を終えた、爆発前の星たちです。重力のバランスを崩して大きく膨らみ、大きくても温度が低いのです。

主系列星から離れた、左下にある星は、「白色矮星」と呼ばれています。寿命を終えた後の星の芯で、小さくても高温なのです。

◎HR図　縦軸に太陽を基準とした恒星の明るさ、横軸に恒星の表面温度をとった、恒星の分布図。初めて観測された恒星でも、明るさと色（表面温度）がわかれば、種類がわかる。

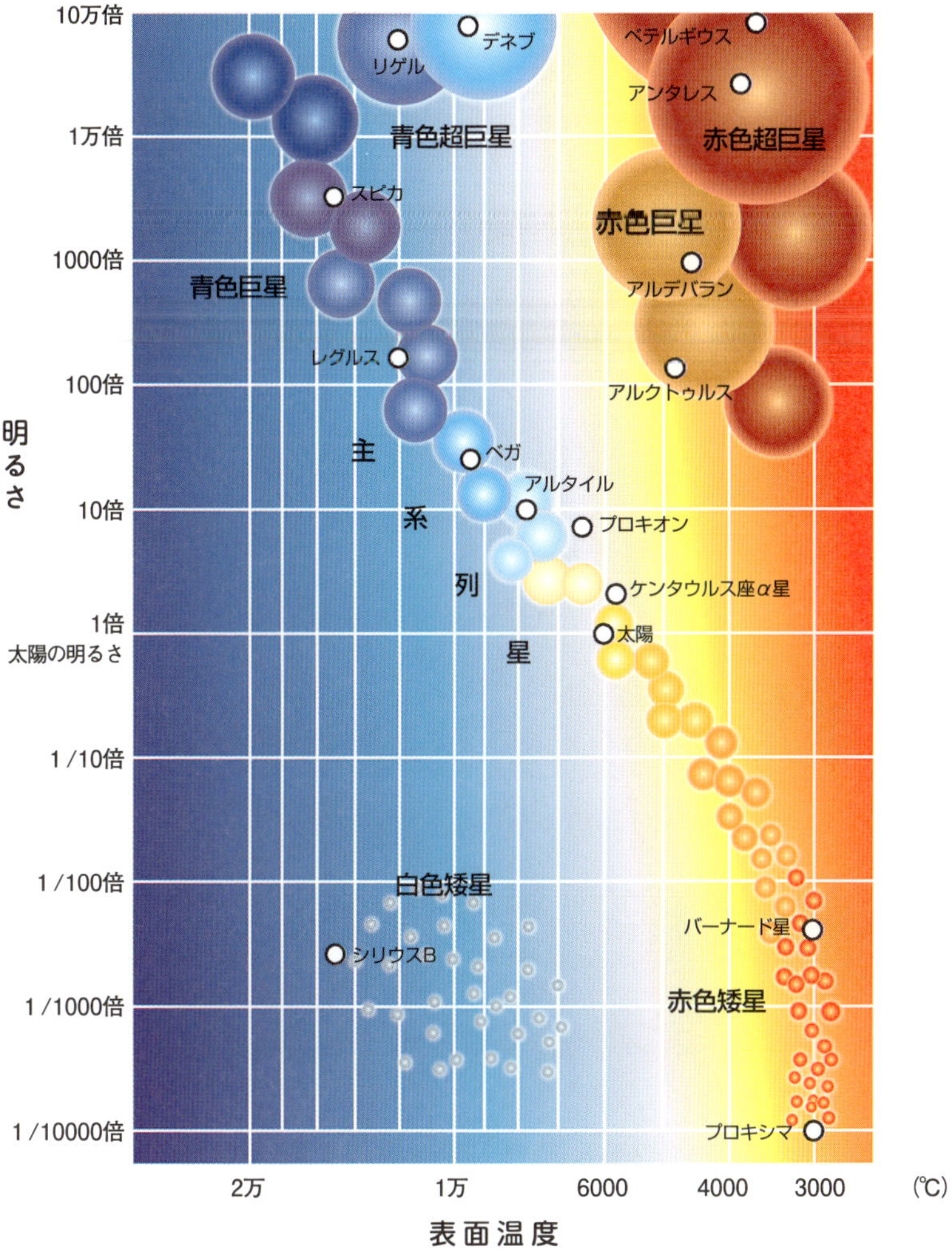
10万倍
1万倍
1000倍
100倍
10倍
1倍
太陽の明るさ
1/10倍
1/100倍
1/1000倍
1/10000倍
明るさ
2万
1万
6000
4000
3000
(℃)
表面温度
リゲル
デネブ
青色超巨星
ベテルギウス
アンタレス
赤色超巨星
スピカ
赤色巨星
青色巨星
アルデバラン
レグルス
アルクトゥルス
ベガ
主
系
列
星
アルタイル
プロキオン
ケンタウルス座α星
太陽
白色矮星
シリウスB
バーナード星
赤色矮星
プロキシマ

赤色超巨星
アンタレス（さそり座）

赤色巨星
アルクトゥルス（うしかい座）

主系列星
プロキオン（こいぬ座）

4点ともA.Fujii

青色巨星
スピカ（おとめ座）

星の終末　白色矮星

太陽くらいの重さの恒星は、終末期に膨らみ、赤色巨星になります。赤色巨星はやがて、白色矮星と惑星状星雲となります。

恒星も形あるものの宿命として、最期を迎える日が来ます。主系列星として安定期を過ごした恒星も、エネルギーの枯渇とともに主系列を離れていきます。

星が丸い形をしているのは、広がろうとする光エネルギーと、縮まろうとする重力エネルギーのバランスがつり合っているからです。このバランスが崩れると、星は不安定な状態になります。

太陽や太陽の8倍くらいまでの質量の星は、核融合反応を起こすための燃料が不足してくると、不安定になって膨らみ、赤色巨星になります。赤色巨星はやがて、体をつくっていたガスやちりをゆっくりと宇宙に返してゆきます。そして後には、白色矮星と呼ばれる高温の小さな星が残されます。白色矮星は非常に密度が濃く、角砂糖1個が１００トンの重さです。

星のまわりに放出されたガスは、白色矮星の光を受けて輝き、「惑星状星雲」となります。白色矮星は余熱で光っているだけなので、やがて冷えて、暗い「黒色矮星」になります。私たちの太陽も50億年後、白色矮星になるのです。

惑星状星雲は、丸いものや、四角いもの、りぼんの形をしたものなどさまざまな形があります。昔、小さな望遠鏡で見ていたときは、惑星のように丸く見えたので、惑星状星雲と呼ばれるようになったのです。

◎さまざまな姿の惑星状星雲

ハッブル宇宙望遠鏡などが撮影した、さまざまな星雲。形の特徴から、名前がつけられている。

NASA, ESA, and the Hubble
SM4 ERO Team

▲バタフライ星雲（NGC6302）

NASA, ESA, HEIC, and The Hubble Heritage
Team (STScI/AURA)

キャッツアイ星雲（NGC6543）

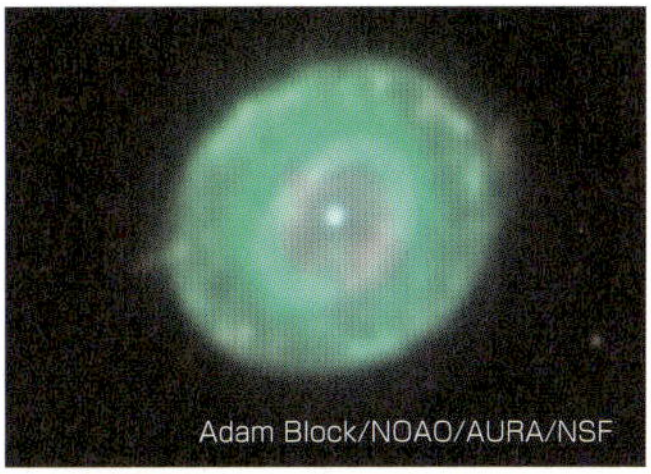
Adam Block/NOAO/AURA/NSF

青い雪玉星雲（NGC7662）

NASA, ESA and The Hubble Heritage Team (STScI/AURA)

あり星雲（Mz3）

ドラマを生む 超新星爆発

重い恒星は終末期に、超新星爆発を起こします。爆発は、さまざまな元素を宇宙空間に放出します。

太陽の質量の8倍以上の恒星は、終末期に赤色巨星になった後、自分自身の重みを支えきれなくなって、「超新星爆発」を起こします。爆発が起こった後、数ヶ月は明るく輝きます。地球から見ると、突然、新しい星が現れたように見えるので、「超新星」と名づけられました。昔の中国や日本では「客星《かくせい》」と呼ばれ、藤原定家の『明月記』にも登場します。

１０５４年におうし座で起こった超新星爆発は、マイナス６等もの明るさでした。その名残がＭ１かに星雲で、望遠鏡で見ることができます。

１９８７年には、大マゼラン銀河で超新星爆発が起きました。爆発は南半球で見ることができましたが、このとき、岐阜県神岡町の観測装置「カミオカンデ」は、世界で初めて超新星から放たれた素粒子ニュートリノをとらえることに成功しました。そしてこの功績により、２００２年に小柴昌俊氏はノーベル物理学賞を受賞しました。超新星の登場は、見た人にいろいろなドラマを生みます。

宇宙での超新星爆発の重要な役割は、恒星の中でつくった炭素、酸素などの元素だけでなく、鉄より重い重元素を生み出し、宇宙空間に放出することです。水や私たちの身体を構成する基本元素も供給しています。もし、超新星爆発が起こらなければ、地球のような惑星も私たちの生命も、宇宙に現れなかったでしょう。

国立天文台

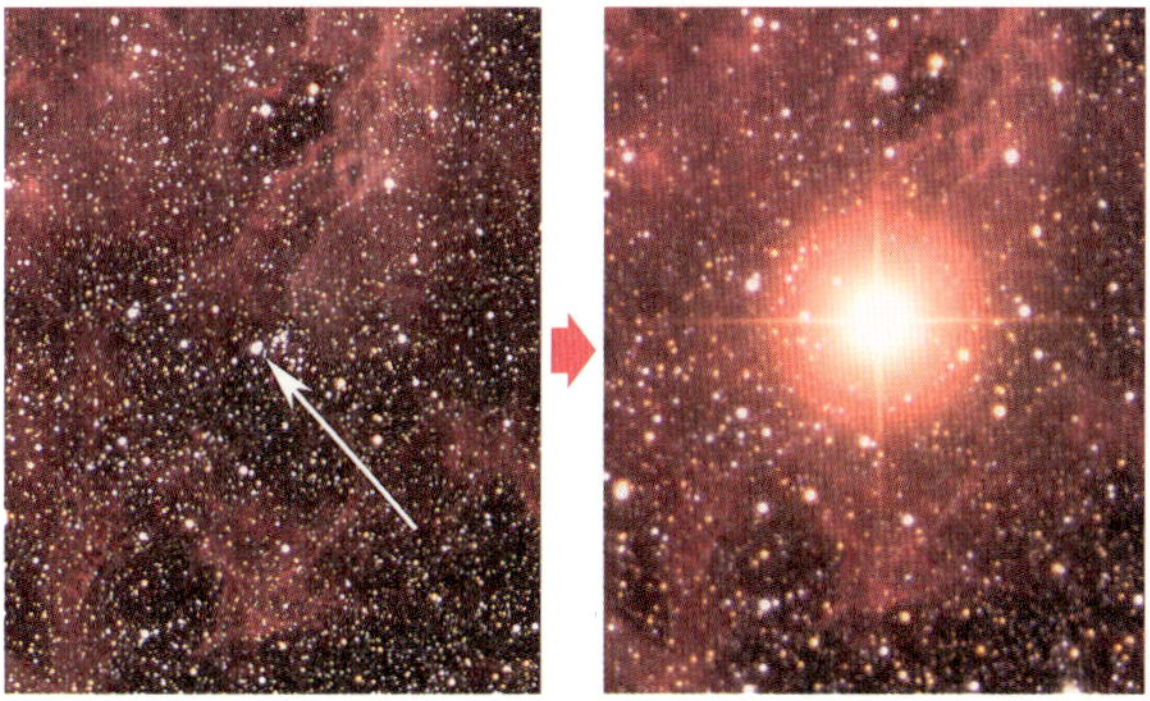

Anglo-Australian Observatory/
David Malin Images

◎超新星残骸

▲おうし座のM１かに星雲。超新星爆発の名残を「超新星残骸」と呼ぶ。

◎超新星爆発

◀大マゼラン銀河の超新星爆発（ＳＮ1987Ａ）。左が爆発前、右が爆発後。明るく光り、新しい星が生まれたように見えた。

爆発しそうなオリオン座のベテルギウス

冬の大三角のひとつであるベテルギウスに、超新星爆発を起こしそうな兆候が観測されています。大量のガスを放出し、大きさが減ったと報告されています。ベテルギウスは赤色超巨星で重く、直径は太陽の1,000倍。年齢は数百万歳と若いですが、近いうちに一生を終えそうです。

Xavier Haubois, et al.

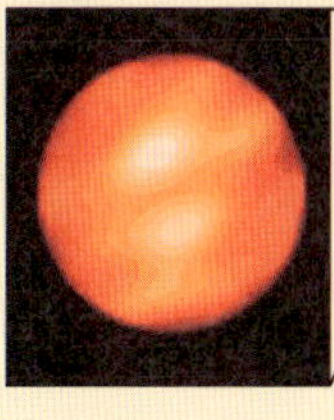

表面が盛り上がってきた
ベテルギウス

A.Fujii

オリオン座

宇宙の灯台 中性子星

重い星は超新星爆発を起こした後、中性子星を残します。さらに重い星は、中心にブラックホールをつくります。

太陽の8倍以上の重さの星は、超新星爆発を起こしてまわりのガスを吹き飛ばした後、中性子星を残すことがあります。中性子星は非常に重く、角砂糖1個の大きさで１００億トンにもなります。強い圧力のために陽子が電子を取り込んで、電気的に中性になった星の芯です。

中性子星は両方の磁極から、光と電波のビームを出しています。このビームは自転によって、規則正しく点滅する灯台のように見えます。パルス状の電波源となるので、「パルサー」と呼ばれています。電子時計よりも正確な周期なので、星間旅行をするときは、宇宙時計や宇宙船の場所を教えてくれる灯台の役目を果たしてくれることでしょう。

太陽の30倍以上の重さの星が、超新星爆発を起こすと、中心核はブラックホールをつくります。これを「恒星質量ブラックホール」と呼びます。ブラックホールは光も電波も出さないので、直接見ることはできませんが、連星のひとつがブラックホールになると、相手のガスをものすごい勢いで吸い込みます。その摩擦熱によって強いX線が放出されます。X線の観測によって、ブラックホールの大きさや場所を知ることができるのです。

ブラックホールには、恒星質量ブラックホールのほかに、質量が太陽の１００から1万倍ある「中間質量ブラックホール」があります。また、銀河の中心にも巨大なブラックホールがあります。

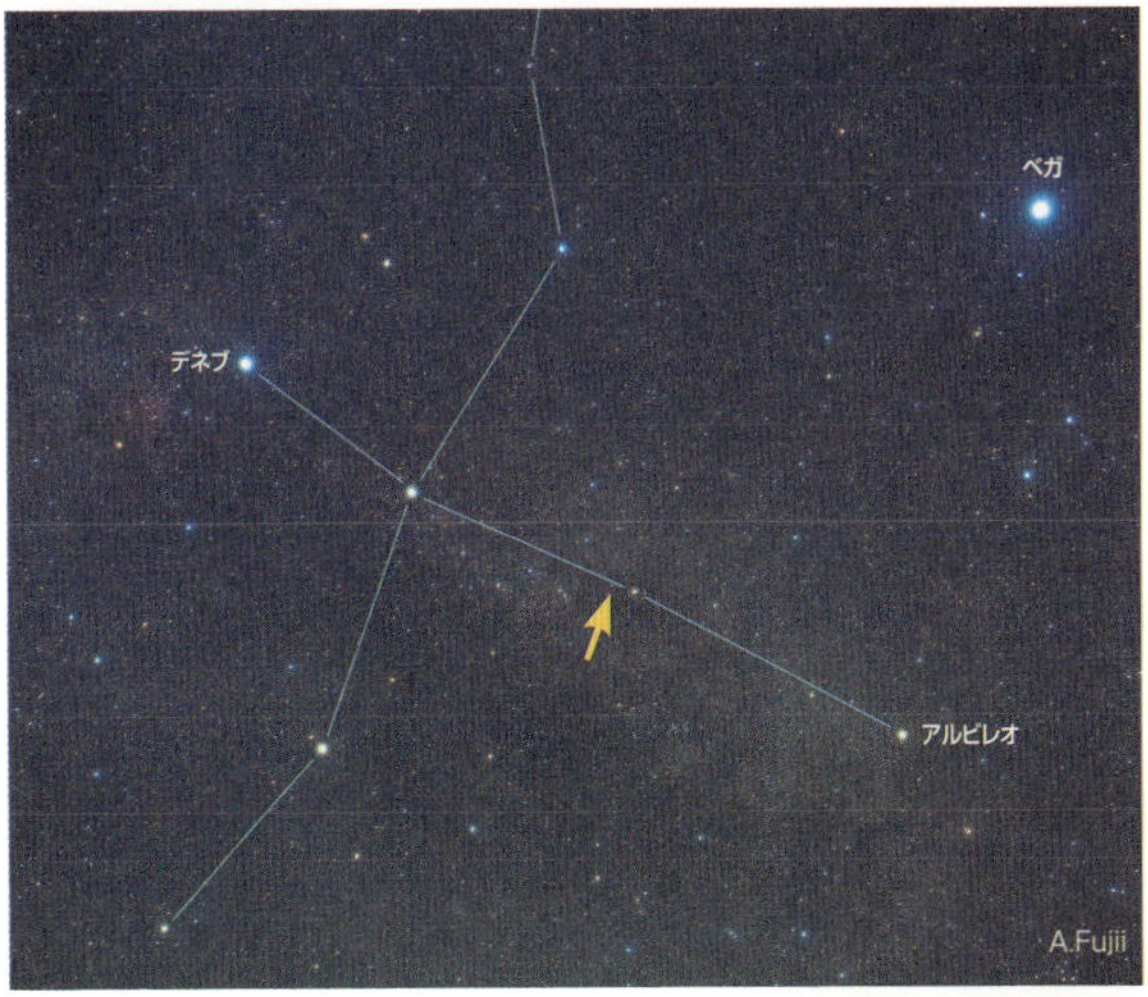

◎中性子星（パルサー）

▲ハッブル宇宙望遠鏡が写した、かに星雲。中心部分にパルサーが見える。

◎ブラックホール

◀はくちょう座にあるブラックホール「はくちょう座X- 1」の位置。

◎ブラックホールの想像図

ブラックホール(右)が伴星からガスを吸い込んでいる様子。

column 3

星をたよりに飛ぶ

●渡り鳥と星

ルリノジコ。

渡り鳥は、決まった季節になると、いっせいに何千キロメートルもの距離を移動します。彼らは、何をたよりに旅をしているのでしょうか？

種類によって違いますが、地磁気や太陽の位置、地形や匂いなどもたよりにしていることがわかっています。

ルリノジコという鳥をご存じでしょうか？アメリカとメキシコのあいだを渡る瑠璃《るり》色の美しい鳥です。この鳥は、何と、星をたよりに旅をしているのです。

渡りの季節を迎えたルリノジコをプラネタリウムに入れて実験したところ、北極星を中心に、北斗七星やカシオペヤ座などをたよりに方向を決めていることがわかりました。

さらに、星空を見ないで成長したルリノジコには、その能力がないこともわかりました。幼いころから星を見て覚え、夜空の星を見ながら旅をしていたのです。

chapter

4 銀河から宇宙の果てまで

もしも銀河系が直径10kmだったら…

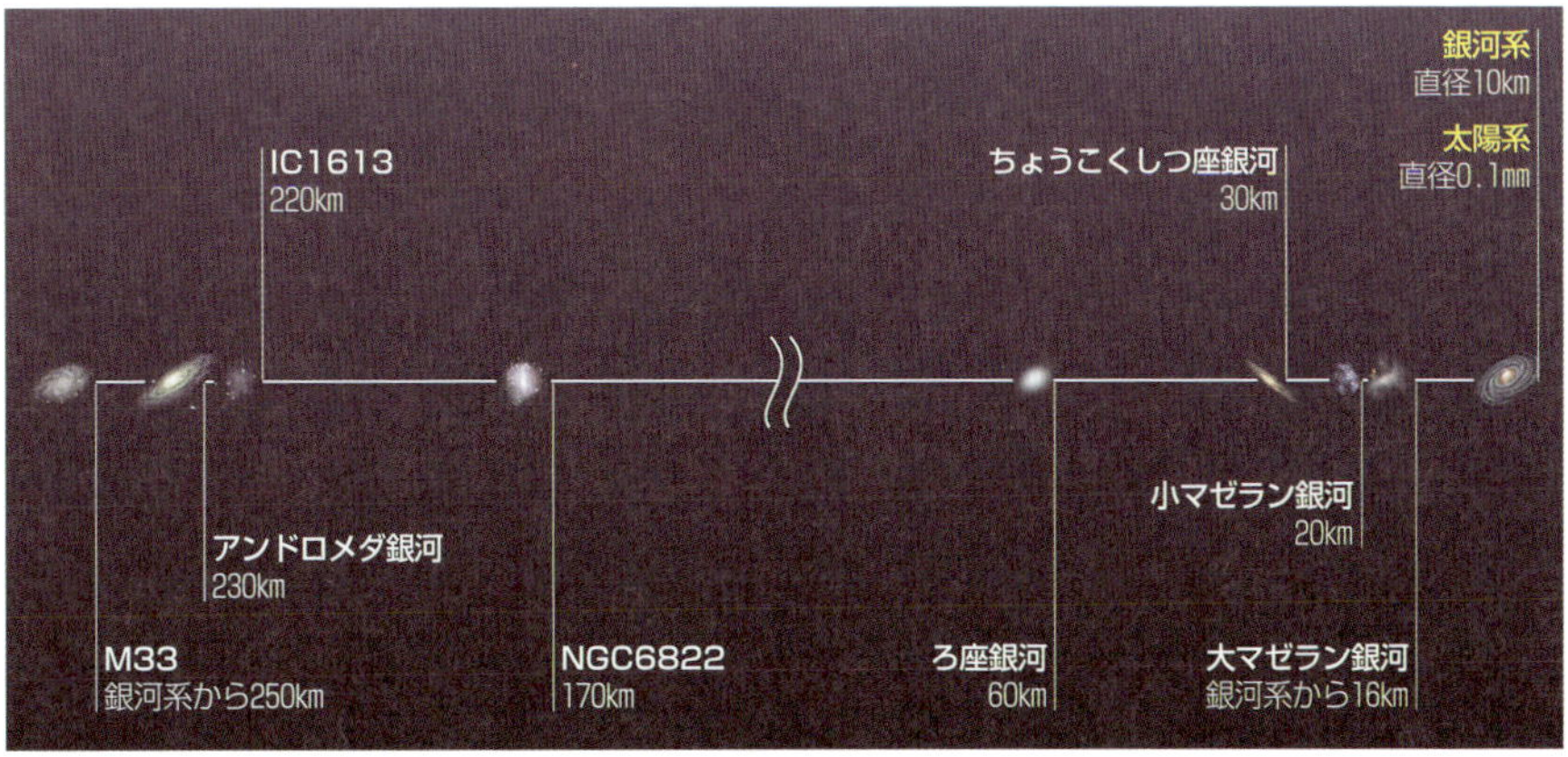

銀河系
直径10km
太陽系
直径0.1mm
IC1613
220km
ちょうこくしつ座銀河
30km
小マゼラン銀河
20km
アンドロメダ銀河
230km
M33
銀河系から250km
NGC6822
170km
ろ座銀河
60km
大マゼラン銀河
銀河系から16km

（数字は銀河系からの距離）

宇宙の広がり

私たちが暮らしている地球は、太陽のまわりを回っています。
太陽は、地球を含む8個の惑星と、月を含む多くの衛星、
そして、無数の小さな天体を引き連れ、
太陽系ファミリーをつくっています。
そして、太陽のような星が、
約1000億個集まって、私たちが住む
銀河系（天の川銀河）ができているのです。
宇宙空間はとても広いので、星たちは銀河の船に
乗り合わせるように、銀河の一員となって
宇宙空間に浮かんでいます。星の光でできた銀河は、
まるで漆黒の宇宙に浮かぶ
キャンドルのように見えています。
宇宙には、約1000億の銀河があるといわれています。
1000億の銀河たちは、つながりあい、
無数の空洞を囲むように宇宙空間に広がっているようです。

宇宙の大規模構造

局部超銀河団

私たちのすみか　銀河系

星たちの集団を銀河と呼びます。天の川は、
私たちが住む銀河（銀河系）を内側から眺めた姿です。

銀河系とは、私たちが住んでいる銀河のことです。星は、ばらばらに宇宙空間に浮かんでいるわけではありません。多くの恒星、惑星、星雲などが集まり、集団で浮かんでいるのです。この天体の集団は、銀河と呼ばれています。宇宙には銀河が無数に存在しているので、私たちの住む銀河はほかの銀河と区別するために、「銀河系」または「天の川銀河」と呼ばれています。

私たちは銀河系に住み、その姿を内側から眺めています。見上げる夜空の星たちは、銀河系をつくっている仲間です。星座をつくる星は、近くの星たち。光の帯のように見える天の川は、遠くの星たちです。銀河系は、1000億の星が寄り添って、星の集団をつくっているのです。

天の川の幅が広くなっているのが、銀河系の中心です。いて座の方向にあり、夏の夜空に見ることができます。天の川は、さそり座を通り、いて座で一番広がり、七夕で有名な織姫星（織女星）と彦星（牽牛星《けんぎゅうせい》）の間を抜け、細くなっていきます。

私たちは、銀河系を外から眺めることはできません。でも、もし眺めることができたとしたら……。漆黒の宇宙に浮かぶ雄大で荘厳な銀河系の姿に、きっと息を飲むことでしょう。

南半球では、銀河系の中心が天頂までのぼり、美しく見える。
A.Fujii/Nature Production

ブラックホールをもつ銀河系

銀河系は、中心に星が集まって膨らんだ「バルジ」があり、そのまわりを平たい円盤である「銀河円盤」が渦巻きながら回っています。銀河円盤の端は、見えないほど薄くなります。銀河系を大きく包む球状の広がりは、「ハロー」と呼ばれます。ハローの中には、銀河系を飾るように、星の集まりである約160個の「球状星団」が浮かんでいます。銀河系を上から見ると、中心部に棒構造が見えて、中心内部にはブラックホールがあるといわれています。銀河系の渦巻状の円盤は、直径が10万光年、厚さが中心部で1万5000光年で、太陽系は中心から2万8000光年離れた場所にあります。円盤の中では、星が生まれては消え、消えた星が残したガスやちりから、新しい星が生まれています。

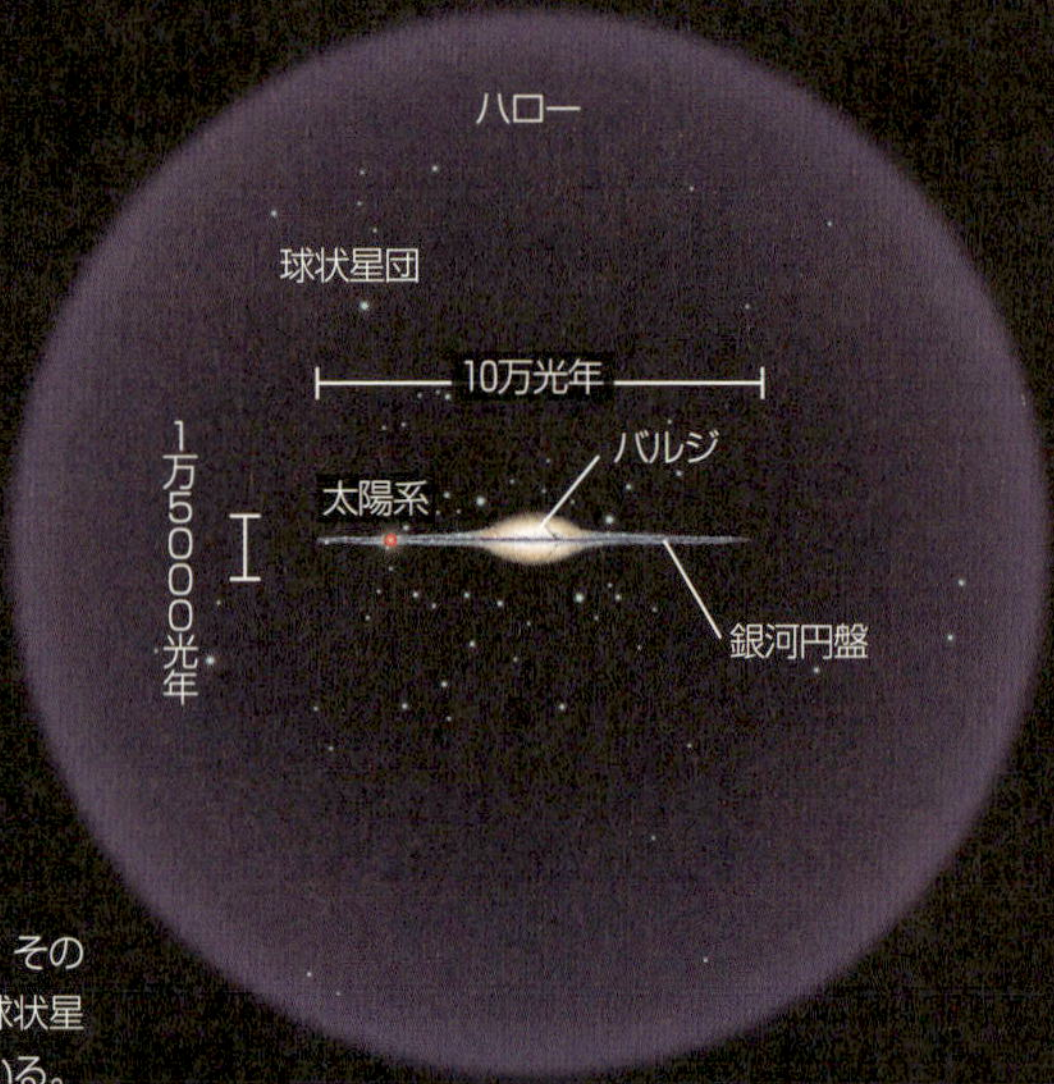

●真横から見た銀河系

中心の膨らんでいる部分をバルジ、そのまわりを銀河円盤と呼ぶ。全体を球状星団などからなるハローに囲まれている。

●銀河系の想像図

下の赤い丸が、太陽系の位置。

NASA/JPL-Caltech

銀河系とその仲間たち

銀河系は、40個以上のほかの銀河と群れをつくって、
宇宙を旅しています。アンドロメダ銀河はその仲間です。

この宇宙には、銀河が１０００億個以上あるといわれています。私たちの住む銀河系もその中のひとつですが、行動をともにしている銀河たちがいます。銀河系は40個以上の銀河とつながって、群れをつくって宇宙を旅しているのです。

小さな銀河が多い群れですが、地球上から肉眼で見ることができる銀河が３つあります。

ひとつは、北半球から秋に見える、アンドロメダ座のアンドロメダ銀河です。このアンドロメダ銀河は、群れの中で一番大きく、銀河系の３倍の重さがあります。銀河系は二番目の大きさです。

実は、このアンドロメダ銀河と、私たちの銀河系は婚約しています。２つの銀河はひかれ合い近づいているのです。遠い将来、２つの銀河はひとつになり、新しい星がたくさん誕生することでしょう。

残りの2つは、南半球に行くと見ることができます。大マゼラン銀河と小マゼラン銀河です。この2つは、小さな銀河なのですが、銀河系の近くにあるため、肉眼でも見ることができます。いつも銀河系のそばに寄り添って、行動をともにしているため、「伴銀河」と呼ばれています。

◎アンドロメダ銀河（M31）
秋の夜空に見られる、銀河系とよく似た渦巻銀河で、230万光年の距離にある。

銀河系は約100億歳

銀河系の推定年齢は、100億歳です。100億年前、銀河系はどうやって生まれたのでしょうか。遠くの宇宙（＝過去の宇宙）を観測して、その手がかりがつかめました。

宇宙ができて数億年の銀河（原始銀河）は、今の銀河の10分の１ぐらいのサイズです。銀河系を含む多くの銀河は、原始銀河が合体してつくられたと考えられています。

◎大マゼラン銀河（LMC）と小マゼラン銀河（SMC）
大マゼラン銀河（右上）は、太陽系に最も近い銀河で、16万光年の距離にある。小マゼラン銀河（左下）は、20万光年離れている。

渦巻だけじゃない銀河の形

銀河にはさまざまな形があります。
形の特徴から、楕円銀河、レンズ状銀河など
5種類に分けられています。

◎楕円銀河

▲球形から、扁平したものまである。ガスはほとんど含まず、年老いた星でできていて、ほかの銀河とは、違うでき方をしたと考えられる（上はM59）。

◎不規則銀河

▶形が不規則なものが、これに分類される。ガスやちりが多く、新しい星が盛んに誕生している。銀河同士が衝突して不規則な形になったものもある（右はNGC1427A）。

◎レンズ状銀河

▼中心部が大きく膨らみ、横から見ると凸レンズのような形をしている。楕円銀河と渦巻銀河の中間のタイプと考えられ、新しい星は、誕生しにくいようだ（下はNGC5866）。

銀河は見た目によって、「楕円銀河」「レンズ状銀河」「渦巻銀河」「棒渦巻銀河」「不規則銀河」の5つに分類されています。

このほかに、合体や見える方向によって変わった形になった銀河に、「触角銀河」「ポーラーリング銀河」「子持ち銀河」「ソンブレロ銀河」などの名前がつけられています。お隣のアンドロメダ銀河は渦巻銀河、私たちの銀河系は棒渦巻銀河の形をしています。

◎渦巻銀河と棒渦巻銀河

2つとも膨らんだ中心部（バルジ）をもち、円盤部に渦巻をつくる腕（渦状腕）をもっている。渦巻では、ガスやちりが集まり、新しい星が生まれている。中心部が丸いものは「渦巻銀河」、棒状のものは「棒渦巻銀河」に分類される。

NASA, ESA, S. Beckwith (STScI), and The Hubble Heritage Team (STScI/AURA)

◀渦巻銀河（子持ち銀河　M51）

▼棒渦巻銀河（NGC1300）

NASA, ESA, and The Hubble Heritage Team (STScI/AURA)

◎変わった形の銀河

The Hubble Heritage Team (AURA/STScI/NASA)

NASA and The Hubble Heritage Team (STScI/AURA)

▲ソンブレロ銀河（渦巻銀河　M104）

▶触角銀河（NGC4038／4039）

◀ポーラーリング銀河（NGC4650A）

Bob and Bill Twardy/Adam Block/NOAO/AURA/NSF

華やかなスター
活動銀河

銀河の中には、明るく輝いたり、強い電波を出したりする
活動銀河と呼ばれるものもあります。

宇宙には、特別に個性的な銀河たちもいます。それらの銀河は、明るく輝いたり、強い電波を出したりして、とても華やかな姿をしています。その活発な姿から、「活動銀河」と呼ばれています。

活動銀河で有名なものは、「クエーサー」「電波銀河」「セイファート銀河」です。

クエーサーは、不思議な天体として、長い間注目されてきました。見た目は星のように見えるのに、銀河の１００倍から１０００倍もの明るさで輝いているのです。

電波銀河は、渦巻銀河の中心から強い電波を出しているものや、楕円銀河のまわりから強い電波を出しているものがあります。

セイファート銀河は、中心部が異常に明るい渦巻銀河です。

活動銀河と普通の銀河との違いは、銀河の中心部にあります。活動銀河は、中心部のブラックホールが活発に活動している状態なのです。ほとんどの銀河の中心には、ブラックホールがあります。その活動が活発になると、活動銀河になるのです。

ほかには、銀河同士の衝突などで星が生まれ、輝きを増す「スターバースト銀河」も、活動銀河に含まれます。

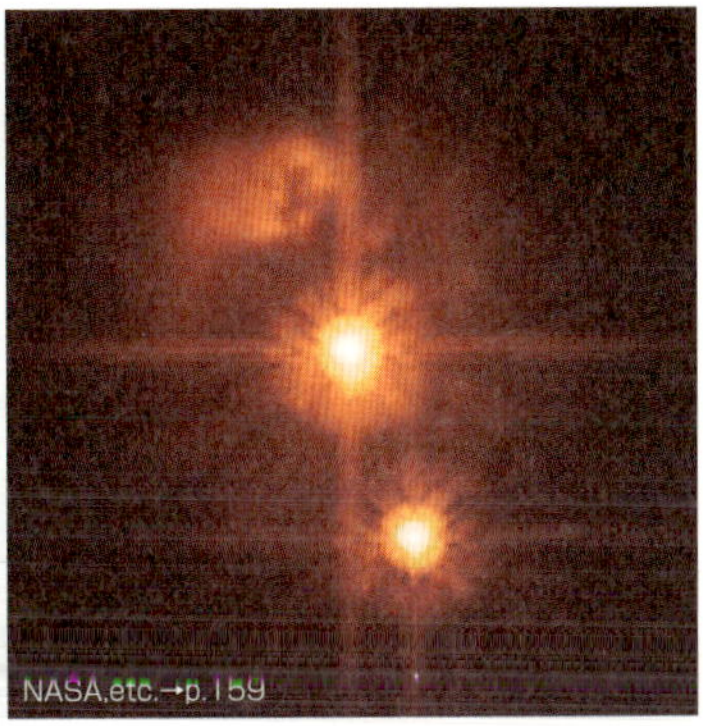

▲クエーサー（HE0450-2958）

◀電波銀河（NGC5128）

▶セイファート銀河
（コンパス座銀河）

▼スターバースト銀河（M82）

銀河の群れ
銀河の集団

銀河は群れをつくります。群れの名を、小さなものから、銀河群、銀河団、超銀河団と呼びます。

宇宙に浮かぶ、１０００億の銀河。銀河のほとんどは、仲間と行動しています。銀河は群れをつくるのです。

銀河の一番小さな群れは、「銀河群」と呼ばれます。銀河群とは、３個以上数十個以下の銀河の集まりを指します。典型的な銀河群は、直径１５０万光年の範囲に5個程度の銀河が集まっています。私たちの銀河系も、約40個の銀河とともに、「局部銀河群」と呼ばれる群れをつくっています。

銀河はさらに集まって、集団をつくります。この集団は「銀河団」と呼ばれます。銀河団とは、50個以上の銀河が約１０００万光年の範囲に集まった銀河集団のことです。

そして銀河団は、1億光年の広がりの中に、「超銀河団」と呼ばれる集団をつくって、宇宙空間をともに行動しているのです。超銀河団とは、銀河群と銀河団が集まった集団で、数個から数十個の銀河団が1億光年以上の範囲に集まっています。私たちの局部銀河群は、おとめ座銀河団とともに「局部超銀河団」（おとめ座超銀河団）に所属しています。

１０００億の銀河は、フィラメント状の銀河の帯でつながり、宇宙空間に存在しています。

◎銀河の集団　銀河が集まると銀河群や銀河団になり、それらがさらに集まると、超銀河団となる。

銀河

銀河群

銀河団

泡のような宇宙の形

宇宙には、銀河が密集しているところと
銀河がほとんどないところがあります。
泡の集まりのような構造です。

宇宙全体の構造はどうなっているのでしょうか。今わかっている銀河の地図は、宇宙空間に銀河が均等に散らばっていないことを教えてくれます。

宇宙では銀河が群れをなし、その群れが大きな群れである超銀河団をつくります。さらに数億光年の長さをもつ銀河の「グレート・ウォール」（巨大な壁）や、銀河がほとんどない「ボイド」（空洞）があることがわかってきました。

超銀河団とボイドが織りなす造形は、まるでシャボンの集まりのようにも見えます。銀河は泡の表面に集中するように存在していたのです。「泡宇宙」（泡構造）と呼ばれるこの大規模構造は、少なくとも25億光年先まではっきりしてきています。

現在、世界中の研究者が協力して、特殊な望遠鏡で星空の広い範囲を撮影して、そこに写っているひとつひとつの銀河の距離を割り出していくという、宇宙の地図づくりが行われています。

その代表的なプロジェクトがスローン・デジタル・スカイ・サーベイ（SDSS）です。日本を含めた各国の協力で、このプロジェクトは20世紀の終わりにスタートしました。観測はすでに終了しましたが、広い範囲にある多数の銀河が対象のため、データの解析には長い時間がかかるでしょう。完成したら、人類がもつ一番大きな地図となります。

2MASS/UMass/IPAC-Caltech/NASA/NSF

アメリカで、近赤外線の観測によりつくった宇宙の銀河分布図。青い部分は天の川。銀河が泡のように分布しているのがわかる。

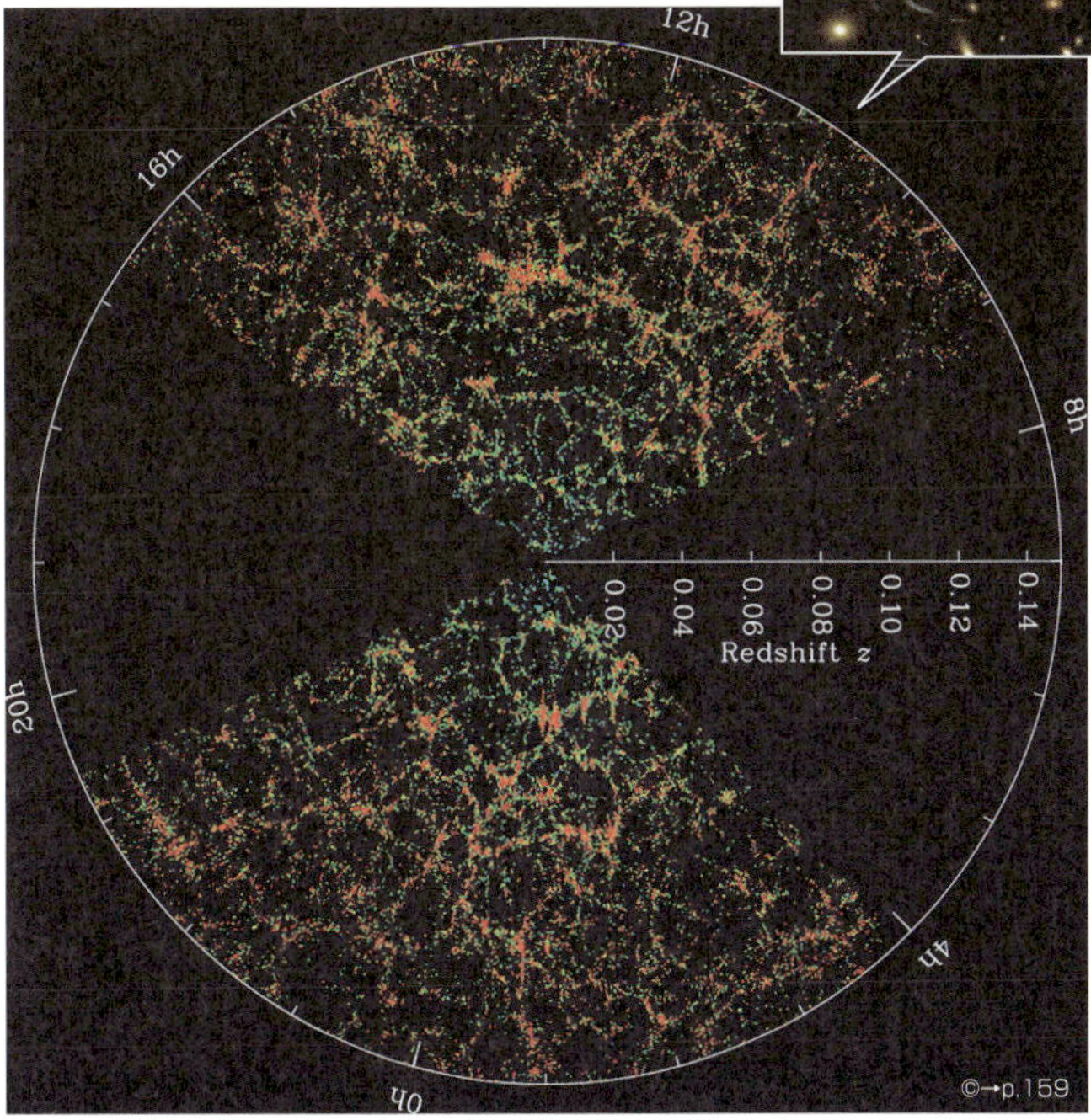

SDSSによる宇宙の地図。銀河系は中心にある。黒い部分は天の川の暗黒星雲などにより、観測不能なところ。右上の写真は銀河団。

column 4

銀河鉄道の夜

●宮沢賢治とサウザンクロス

オーストラリアで見た天の川。北十字から南十字まで見ることができる。岩手県の花巻に暮らした賢治は、生涯、南十字を見ることはなかったはずだ。

「ではみなさんは、さういふふうに川だと云はれたり、乳の流れたあとだと云はれたりしてゐたこのぼんやりと白いものがほんたうは何かご承知ですか。」そんな「午后の授業」で始まる宮沢賢治の『銀河鉄道の夜』。ジョバンニと親友のカムパネルラは、銀河鉄道の旅に出ます。

銀河ステーションから白鳥の停車場、アルビレオ観測所を通り、蠍《さそり》の火を過ぎたころ、「もうぢきサウザンクロスです。おりる支度をしてください。」という声が聞こえます。それは、北十字ともいわれるはくちょう座から、南十字へ、十字架から十字架への旅だったのです。

「僕はもうあのさそりのやうにほんたうにみんなの幸いのためならば僕のからだなんか百ぺん灼いてもかまはない。」「うん。僕だってさうだ。」二人がそう誓い合ったあと、急にカムパネルラの姿が見えなくなりジョバンニは目を覚まします。そしてカムパネルラが友だちを救おうとして川に落ちたことを知るのです。

chapter 5

宇宙の誕生と歴史

宇宙カレンダー

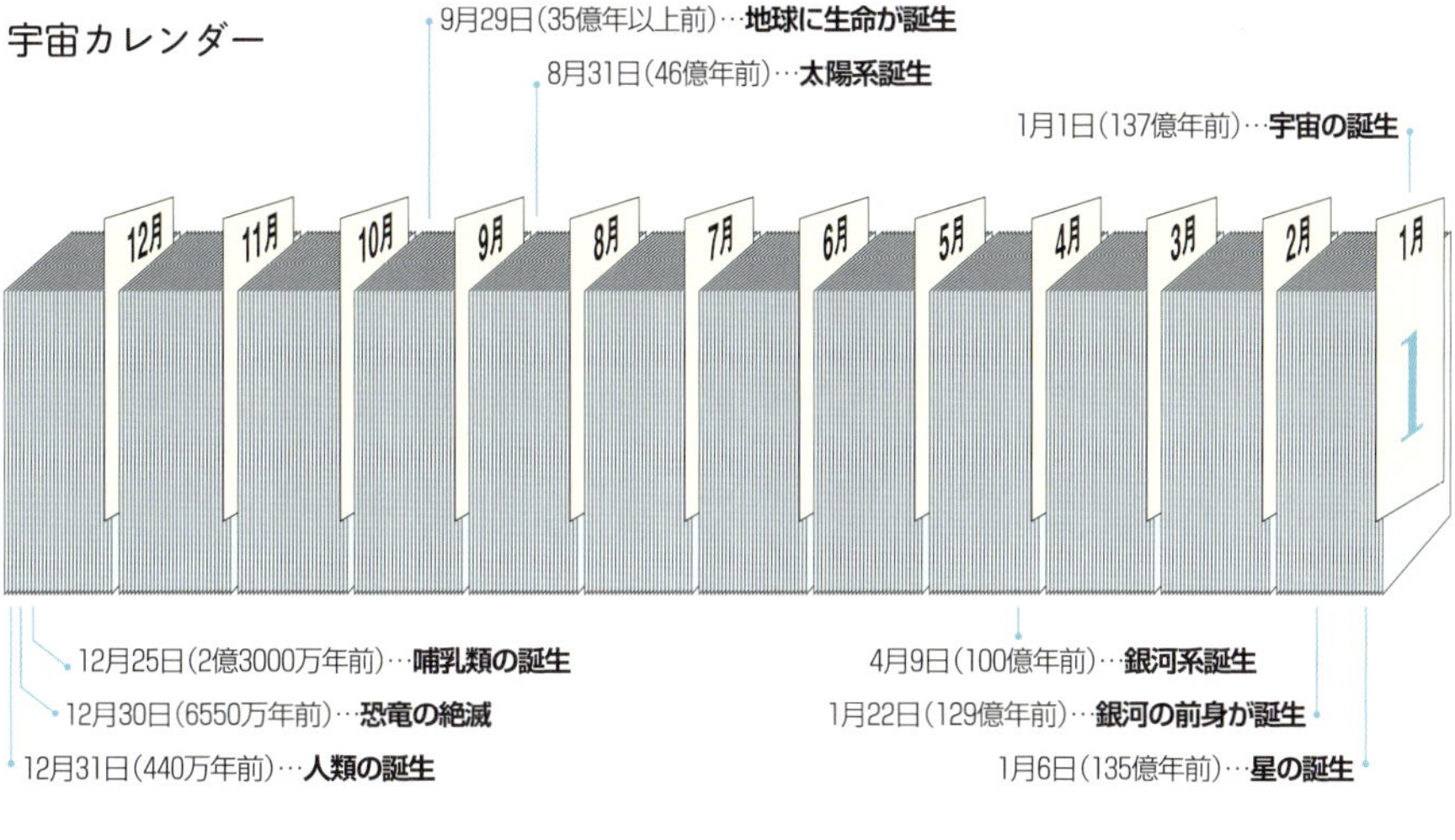
9月29日（35億年以上前）…地球に生命が誕生
8月31日（46億年前）…太陽系誕生
1月1日（137億年前）…宇宙の誕生
12月
11月
10月
9月
8月
7月
6月
5月
4月
3月
2月
1月
1
12月25日（2億3000万年前）…哺乳類の誕生
12月30日（6550万年前）…恐竜の絶滅
12月31日（440万年前）…人類の誕生
4月9日（100億年前）…銀河系誕生
1月22日（129億年前）…銀河の前身が誕生
1月6日（135億年前）…星の誕生

無から誕生した宇宙

137億年前、無の空間に生まれた極小の点。その点が急激に膨らみ、宇宙ははじまりました。

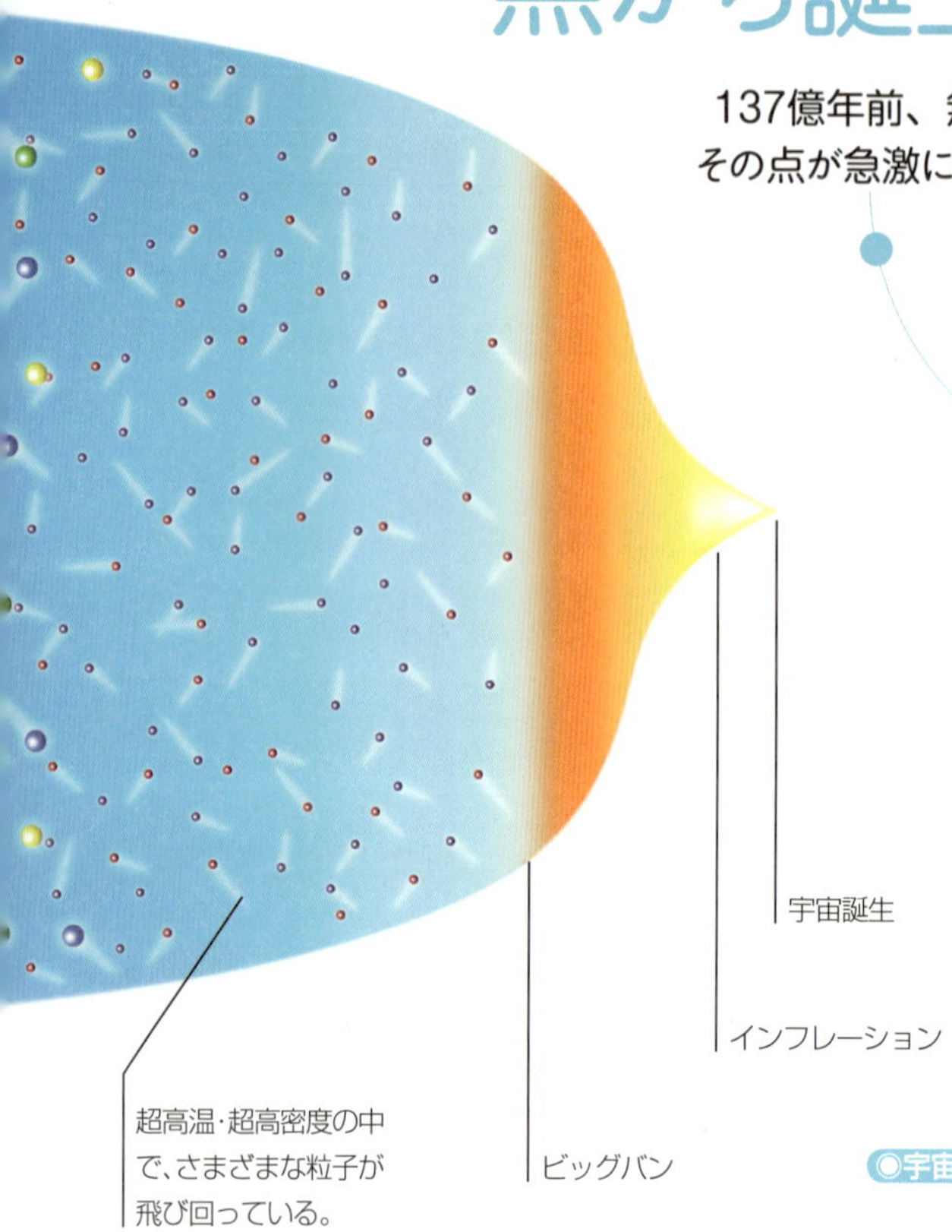
宇宙誕生
インフレーション
ビッグバン
超高温・超高密度の中で、さまざまな粒子が飛び回っている。

◎宇宙の誕生から晴れ上がりまで

宇宙誕生の瞬間、それは夢物語のようですが、現実に起こったこと。想像力を働かせてみてください。無の空間に、超高温・超高密度の点が存在している姿を……。その点が突然膨らみ、宇宙が誕生していくことを……。

1秒よりずっと短い、一瞬のできごと。その膨らみは、夜空で見ている星たちよりもはるか遠くまで広がっていったのです。

宇宙誕生を解明するのは難しいことです。

今わかっていることは、宇宙は生まれてからすぐに、ほんの一瞬で大きく膨張したこと（「インフレーション宇宙」と呼ばれています）。その世界は、高温・高密度のエネルギーの塊のような世界であったこと（「ビッグバン」や「火の玉宇宙」と呼ばれています）。

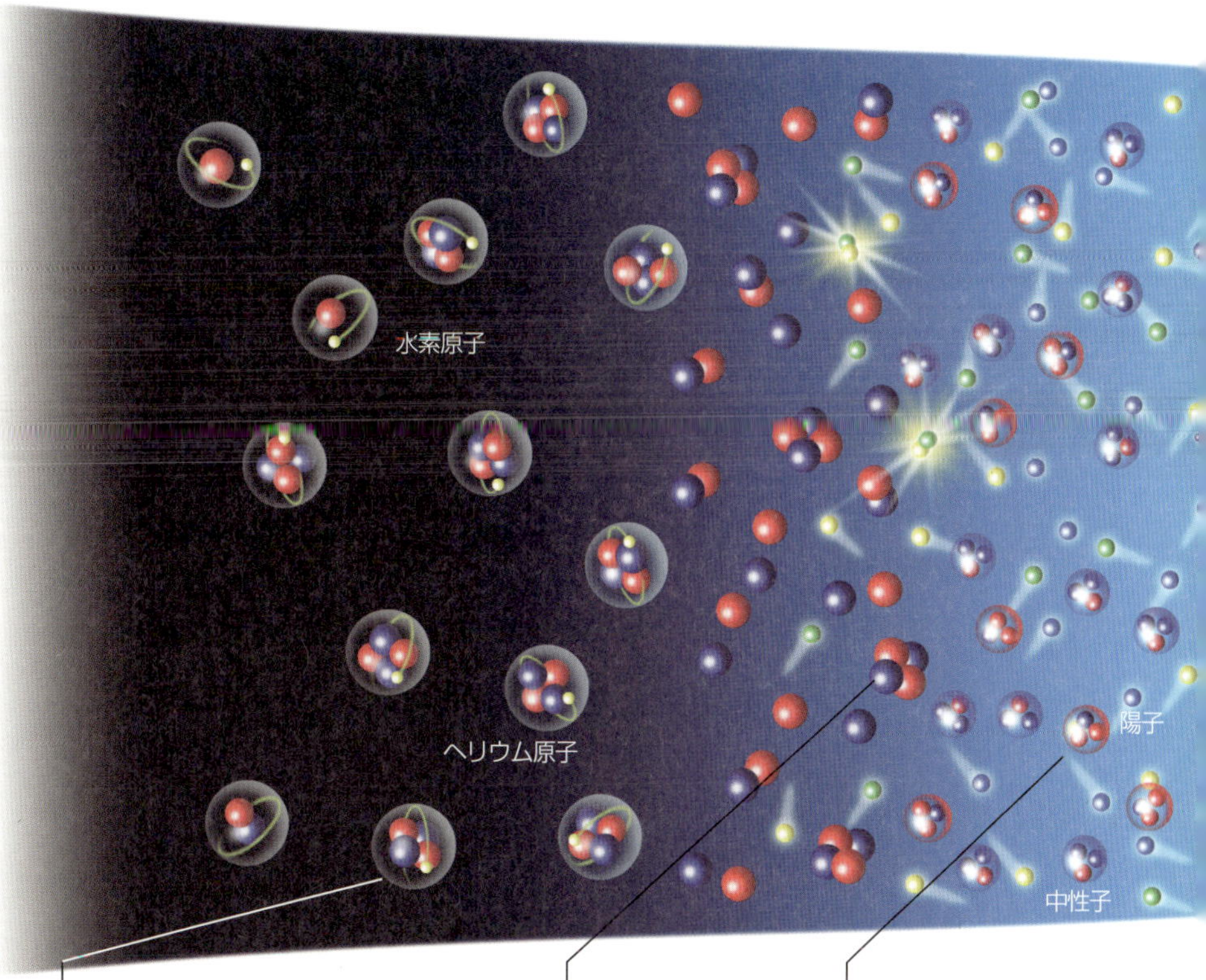

約38万年後、原子核と電子が結びつき、ヘリウム原子や水素原子が誕生。光が直進できるようになった（宇宙の晴れ上がり）。

約３分後までに、陽子と中性子が結びつき、原子核が誕生。

５万分の１秒後、素粒子のクォークが結びつき、陽子と中性子が誕生。

この世界がはじまった数分間で、私たちの宇宙の構造が決まったことです。

宇宙は誕生してから38万年間、高温・高密度のプラズマ状態で、光さえ進めませんでした。混沌としたカオス状態です。その間にも、宇宙は高速で広がり続けました。そして、今でも広がり続けています。

宇宙は膨張に伴って温度が下がり、穏やかな状態になりました。暴れまわっていた素粒子や原子たちも落ち着き、結ばれ、水素やヘリウムなどの物質が誕生したのです。物質の誕生によって、空間にすき間が増え、光も通れるようになりました。宇宙は38万歳で、まるで霧が晴れるようにすっきりしていったのです（「宇宙の晴れ上がり」と呼ばれています）。

夜空にひそむ宇宙の歴史

宇宙の歴史は、宇宙からの光や電波をとらえることで解明できます。遠くからの光ほど、昔の姿を伝えているのです。

私たちが見上げている星空には、宇宙の歴史のすべてが刻まれています。１３７億年前に宇宙があげた産声さえも、電波で聞こえてきているのです（宇宙背景放射と呼ばれています）。

地球で一番遠くを見る目をもつすばる望遠鏡は、約１２９億年も昔の、宇宙がまだ８億歳だったころの天体の光を見つけました。

今、科学者たちは、現在の謎である、０歳から８億歳までの宇宙の記録を追い求めています。空白の８億年は星空のどこかに刻まれているはずです。世界中の研究者が力を合わせ、宇宙が伝える答えを受け取ろうとしているのです。答えを受け取るために、良い目（大型の望遠鏡）、良い耳（感度の良い電波望遠鏡）をもとうとしています。

近い将来、私たちは宇宙の全体像を知ることになるでしょう。

さて、現在、１３７億歳の宇宙はどんな時期なのでしょうか？

今、宇宙の膨張速度が急速に上がり始めているという研究者もいます。もしかすると、宇宙は若い成長期なのかもしれません。その分野の研究も、

今、急速に進んでいます。わかる日が来るのが、楽しみですね。

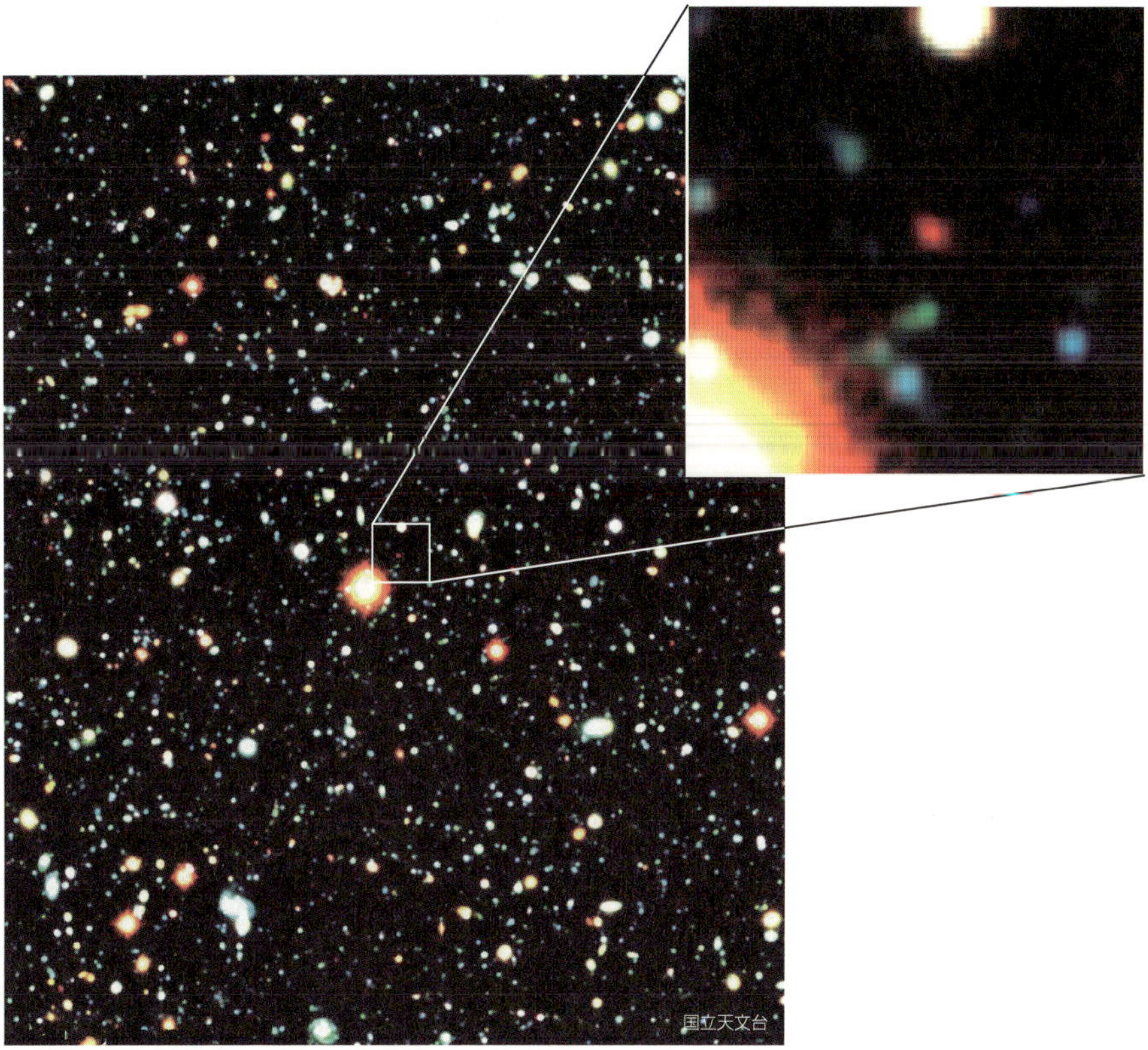

すばる望遠鏡が撮影した、宇宙が8億歳だった頃の銀河
（右上の写真中央の赤い銀河）。

ハワイ島のマウナケア山頂にある、日本のすばる望遠鏡。

一番星や銀河の誕生

無から誕生した宇宙に、物質や星、銀河が生まれ、やがて私たちの太陽系も生まれました。

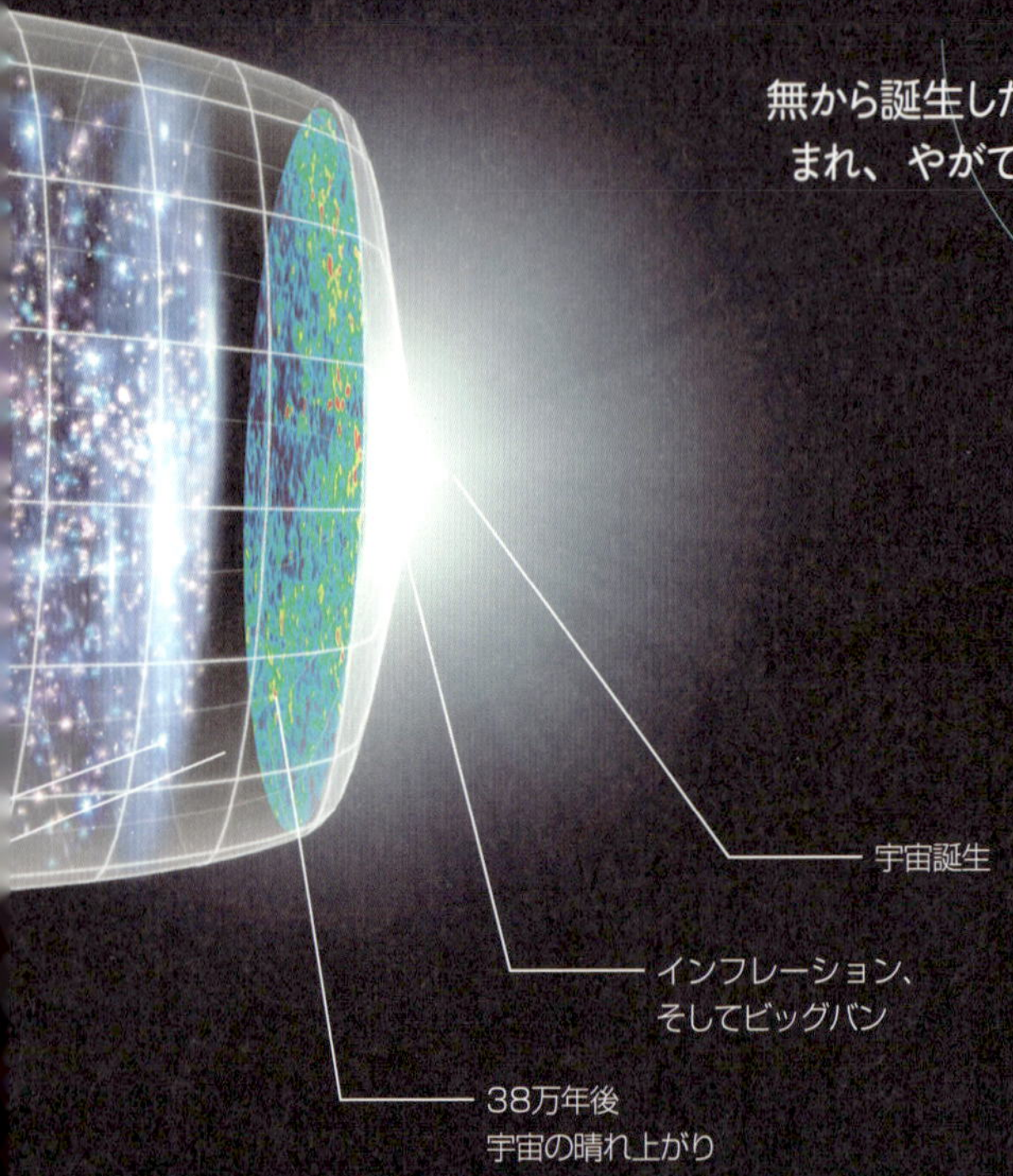
宇宙誕生
インフレーション、
そしてビッグバン
38万年後
宇宙の晴れ上がり

◉宇宙の歴史

NASA / WMAP Science Team

謎に満ちた１３７億年の宇宙の歴史ですが、大きな流れはわかっています。

0歳 無（未知の世界）から生まれた宇宙は、素粒子などの小さな物質で満たされた熱い世界でした。

38万歳 宇宙は広がり、温度は３０００度程度まで下がりました。素粒子は集まり、水素原子などの物質が生まれました。空間にすき間ができ、宇宙は透明に澄んでいきました（宇宙の晴れ上がり）。

2億歳 原子２個の水素が宇宙にたくさん生まれ、集まって星をつくりました。宇宙の一番星の誕生です（この星は見つかっていませんが、宇宙が２億歳のころに生まれていると考えられています）。

137億年後
宇宙膨張の加速化
銀河の合体・成長
星の誕生
宇宙の暗黒時代

※イラスト左端の衛星は、宇宙背景放射を観測したNASAの電波天文衛星WMAP。

8億歳、銀河の前身と考えられる、巨大天体が誕生しました。「ヒミコ」と呼ばれる天体もそのひとつです。そして、すばる望遠鏡が見つけた、8億歳の宇宙に存在した銀河。

このころから宇宙では、銀河の誕生と衝突、星の誕生と爆発が繰り返され、生命の元や、鉄、金、銀などの重い物質がどんどん生み出されていったのかもしれません。

91億歳 私たちの太陽が生まれ、同時に、生命の元を含む多くの物質を集めて地球も誕生しました。

137億歳 今、宇宙の年齢は137億歳。地球の年齢は46億歳です。

闇の力が左右する宇宙の未来

宇宙の未来はどうなるのでしょう。その鍵を握るのが、
目に見えないダークマターとダークエネルギーです。

想定されている宇宙の未来は、大きく3つあります。この3つのうちどれになるかは、宇宙をつくっている物質の量と、宇宙が膨張しようとする力のバランスで決まります。

閉じた宇宙　宇宙の質量＞膨張力

宇宙はある程度広がった後、今度は縮み始め、最後は一粒の点に戻ります。

平らな宇宙　宇宙の質量＝膨張力

宇宙はある程度広がったら成長をゆるめ、その後惰性で広がっていきます。

開いた宇宙　宇宙の質量＜膨張力

宇宙は無限に広がっていきます。

今までの宇宙論では、宇宙空間は物質の少ないスカスカな場所だと考えられていたので、「開いた宇宙」説が有力でした。

しかし最近の研究で、宇宙は目に見えないものと力で満ちあふれていることがわかりました。目に見えないものは「ダークマター」と呼ばれ、目に見えない力は「ダークエネルギー」と呼ばれています。ダークマターは宇宙の質量を増やし、ダークエネルギーは宇宙の膨張に影響を及ぼします。この2つの闇の力関係をはっきりさせることで、宇宙の未来が見えてきます。

今、多くの研究者たちは「開いた宇宙がある程度膨張した後、膨張速度を速め、永久に膨らんでいく」と考えているようです。

◎考えられている宇宙の未来

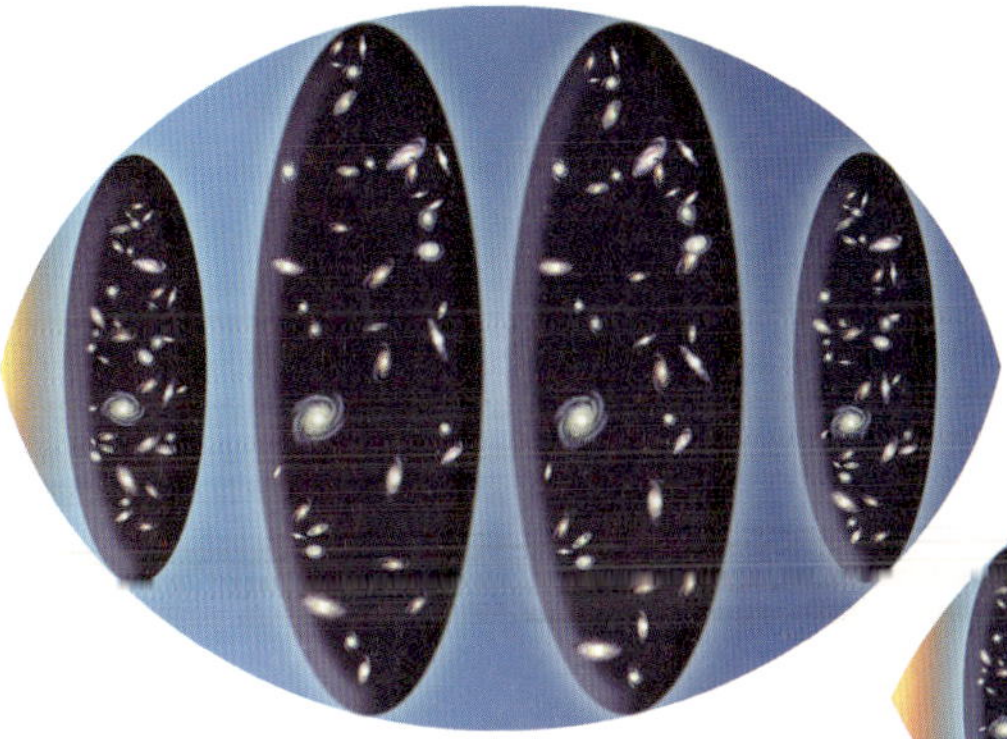

閉じた宇宙
広がった後、縮む。

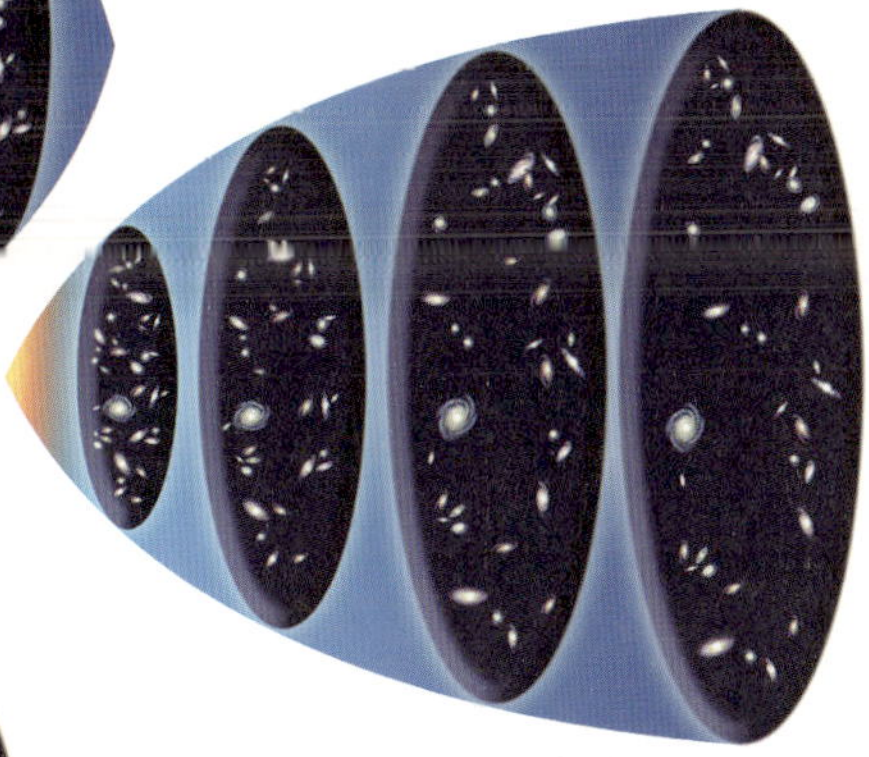

平らな宇宙
ある程度広がった後、惰性で広がり続ける。

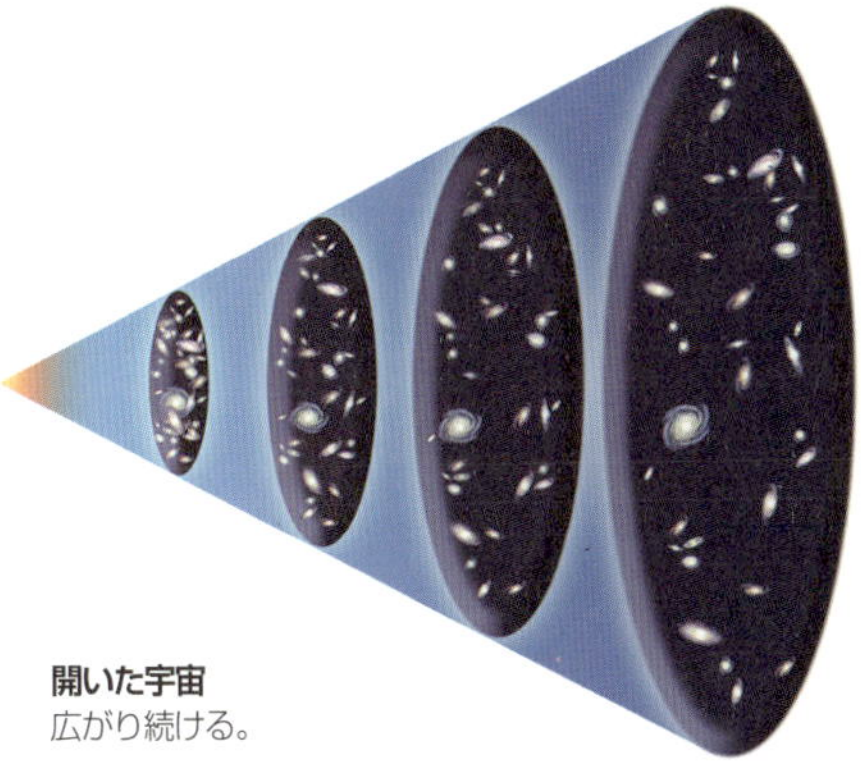

開いた宇宙
広がり続ける。

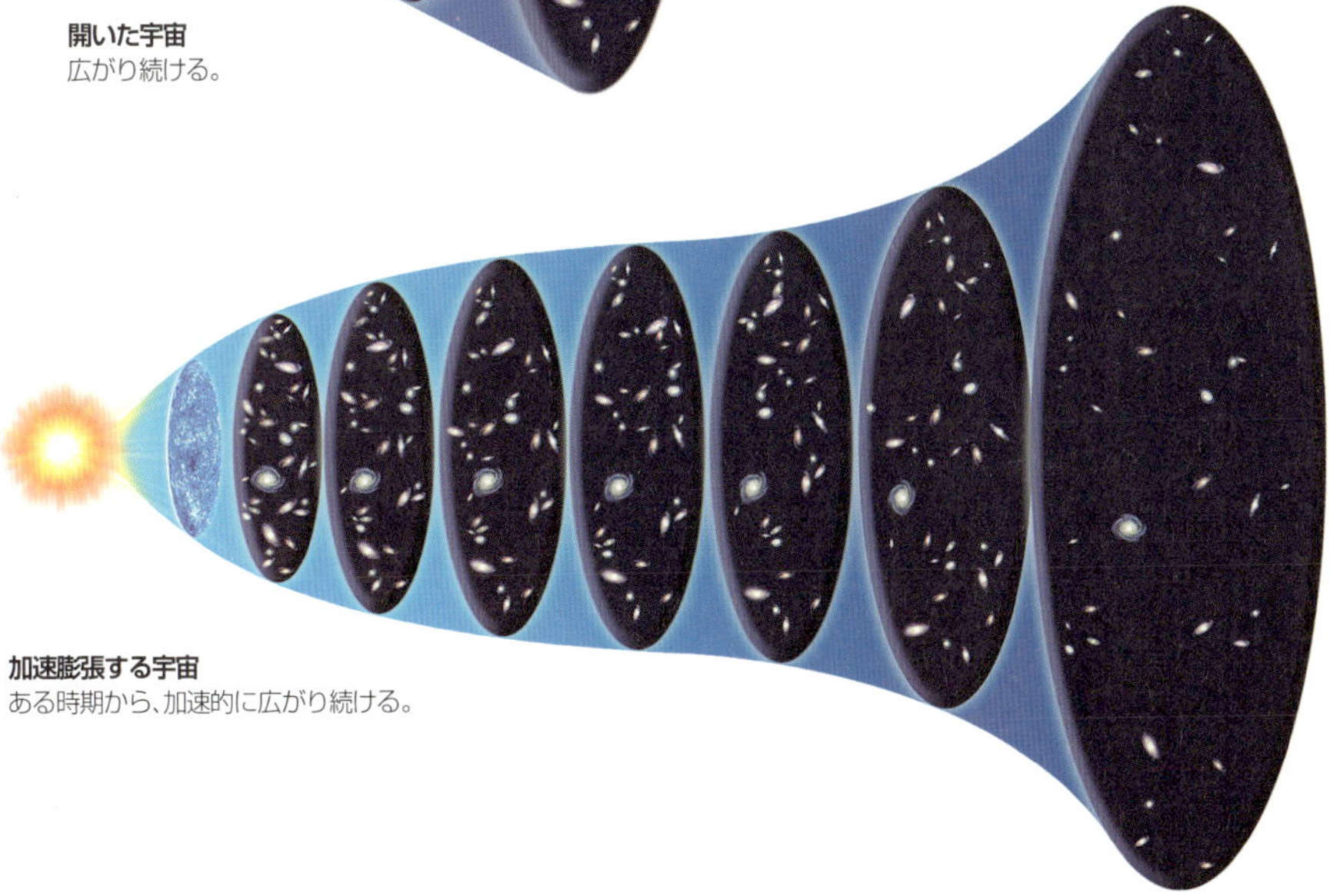

加速膨張する宇宙
ある時期から、加速的に広がり続ける。

column 5

137億年目の今日

●古事記と聖書と宇宙の歴史

ある日、アフリカ大陸で。

「世界ができたそもそものはじめ、まず天と地ができあがりますと……」。『古事記物語』（鈴木三重吉訳）は、宇宙の始まりをさらりと表現しています。

「初めに、神は天地を創造された。地は混沌であって、闇が深淵の面にあり、神の霊が水の面を動いていた。神は言われた。『光あれ。』こうして、光があった」。キリスト教の聖書では、天も地も、空や海も神がつくったと伝えています。

それぞれの地で、人々は宇宙の始まりを想像し、記しています。

そして今、この宇宙は、１３７億年前に無から突然生まれ、46億年前には地球が生まれ、35億年以上前には生命が生まれたことがわかっています。これから、地道な研究が進み、さらに新しい事実が明らかにされていくことでしょう。

でも、ひとつはっきりしていることがあります。それは、今、ここにいる私たちが、宇宙の１３７億年目の新しい一日を、この小さな星で生きているという事実です。

chapter

6 宇宙の探求

国際宇宙ステーション

変わってきた宇宙の見方

古代から人は空を眺め、太陽や月の動きをもとに時計や暦をつくり、日々の暮らしや農業などに利用してきました。また夜空の星をつないで星座をつくり、占いに利用したり、星を航海の道しるべとしました。

昔の人々は、大地が動くのではなく、空が動いていると考えました。この天動説から抜け出し、コペルニクスが地動説を説いたのが16世紀、ガリレオが望遠鏡で初めて月を観測したのが17世紀初頭です。その後の400年で、人類の宇宙に対する知識は急速に深まりました。

私たちは今、地球だけでなく太陽も銀河系も動いていること、そして宇宙は不変ではなく膨張していることを知っています。もちろん宇宙にはまだまだ多くの謎がひそんでいますが、ここで人類の宇宙に対する探求の歴史を見てみましょう。

1000〜1400年ごろ
星の高度や方向を測る、六分儀などの発明。

古代インドの宇宙観
カメに乗ったゾウたちが大地を支え、一番上に須弥山がそびえる。外側のヘビは、生死の循環を意味する。

120年ごろ
プトレマイオスが天動説をまとめた『アルマゲスト』出版。

古代エジプト神話の宇宙観
大地の神の上で、大気の神が天空の神を支える。太陽神がボートで天のナイル川を渡ることで、昼夜が生まれる。

紀元前45年ごろ
太陽暦のユリウス暦をローマで採用。

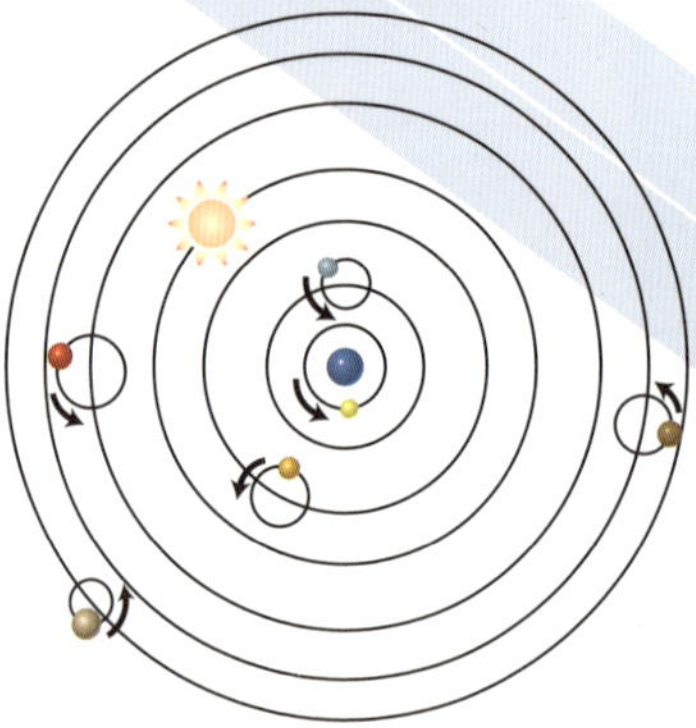

プトレマイオスの天動説
宇宙の中心は地球で、月、太陽、5つの惑星がそのまわりを回る。惑星は円運動をしながら、地球を回っていると考えた。

紀元前230年ごろ
地球の大きさが測られる。その誤差わずかに1.5%。

紀元前2500年ごろ
エジプトなどで暦が使われる。

紀元前3000年ごろ
メソポタミア地方で星座が誕生。

紀元前4200年ごろ
1年の長さが365日とわかる。

1981年
佐藤勝彦らが、誕生直後に宇宙が急速に膨張したとするインフレーション理論を発表。

1929年
ハッブルが宇宙の膨張を示す法則を発表。

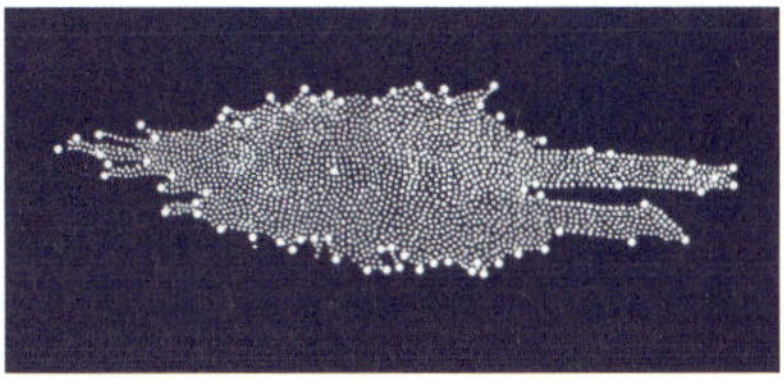
1785年 ハーシェルが銀河系の地図を考える。

1948年
ガモフがビッグバンによる宇宙の起源論を提唱。

1905〜1916年
アインシュタインが相対性理論を発表。

1687年
ニュートンが天体の運動や万有引力の法則を扱った『プリンキピア』を出版。

1668年

ニュートンが反射望遠鏡を自作。上は1671年に製作したもの。

1663年
反射望遠鏡の発明。

1609〜1619年
惑星の運動に関する法則をケプラーが発見。

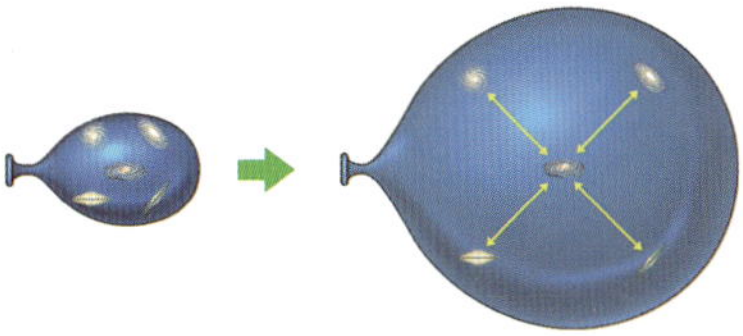
ハッブルが考えた宇宙の膨張
風船に銀河を描いて膨らませたときのように、銀河は位置関係が変わらないまま、互いに遠ざかる。

1609年
ガリレオ・ガリレイが望遠鏡で天体を観測。

1608年ごろ
屈折望遠鏡の発明。

1543年
コペルニクスが地動説を唱えた『天球の回転について』の出版。

ガリレオが製作した屈折望遠鏡。

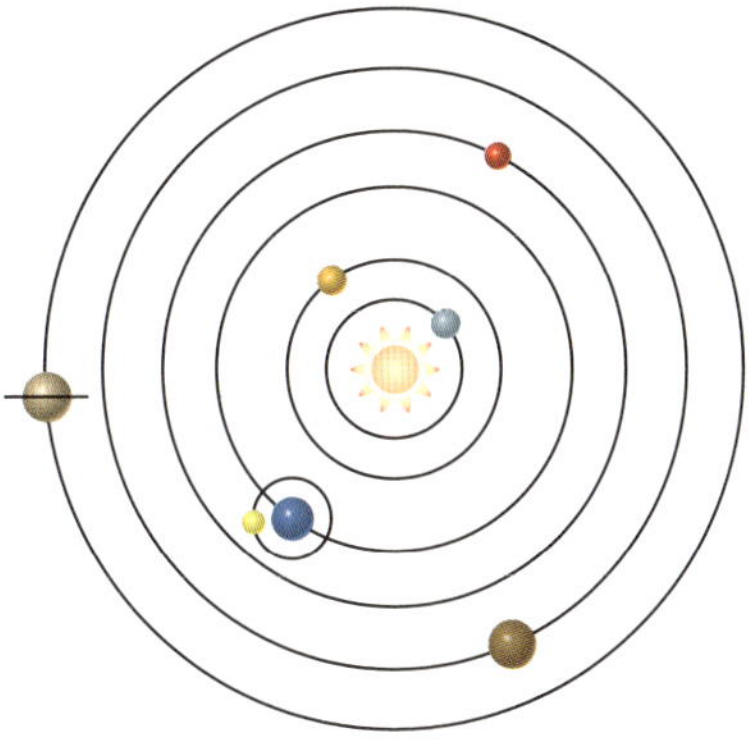
コペルニクスの地動説
宇宙の中心は太陽で、地球を含めた６つの惑星がそのまわりを回る。月は地球のまわりを回っている。

ロケット開発から月への着陸まで

近代ロケットは、第二次大戦中に開発されたミサイルに始まります。大戦後、アメリカと旧ソ連は宇宙に目を向け、熾烈な競争を繰り広げました。1957年、世界初の人工衛星が宇宙に飛び出します。ソ連が開発した銀色に輝く球体、スプートニク1号です。

人工衛星でソ連に先を越されたアメリカは、有人宇宙飛行においても、またしてもソ連に栄誉を奪われます。1961年、ソ連のガガーリンが人類初の宇宙飛行を成功させました。その後アメリカは、宇宙開発の照準を月へ合わせ、1969年、アポロ11号で、ついに人類初の月面着陸を果たしました。

そして21世紀。宇宙は国家間の競争の場ではなく、宇宙ステーションのように国を超えて協力しあう場となりました。

人類で最初の宇宙飛行士、ユーリ・ガガーリン。

1961年4月
ソ連のウォストーク1号が、有人宇宙飛行に初めて成功。地球を1周した。

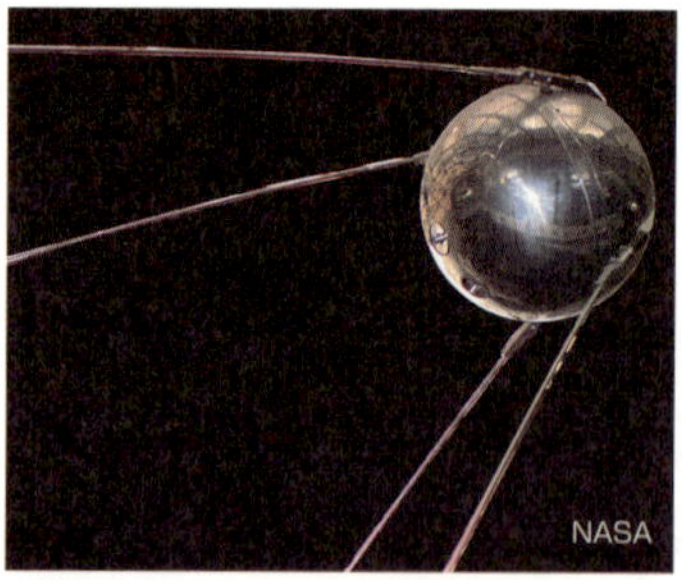

1957年
ソ連が、世界初の人工衛星スプートニク1号の打ち上げに成功。

1961年5月
アメリカがマーキュリー宇宙船で、15分間の有人弾道飛行。

1942年
ドイツのフォン・ブラウンが、近代ロケットの原型となるV2ロケットの打ち上げに成功。

1926年
アメリカの科学者ゴダードが、液体燃料ロケットの打ち上げに初めて成功。

11世紀
中国で、矢に火薬を入れた筒をつけて飛ばす火《か》箭《せん》を武器として使用。

19世紀末
ロシアの科学者ツィオルコフスキーが、液体燃料を使ったロケットの理論を考案。

1969年7月
アメリカの宇宙船アポロ11号により、人類が初めて月に着陸。

アメリカのロケット、サターン5号。計6回も有人着陸を行った、アポロ計画に使用された。

1981年〜
アメリカの再使用型宇宙ロケット、スペースシャトル打ち上げ。宇宙飛行士を乗せたり、人工衛星の運搬などに利用。

1986年〜2001年
ソ連、ロシアが宇宙ステーション、ミールを運用。人間の438日間の宇宙滞在を記録。

1998年〜
国際宇宙ステーションの建設開始。世界15ヶ国が参加。

2003年
中国が有人宇宙船神《シェン》舟《チョウ》5号打ち上げに成功。21時間後に地球に帰還した。

アポロの後の月探査

アメリカのアポロ計画とソ連の無人探査が1970年代に終了した後、月の探査はしばらく行われませんでした。1994年にアメリカが探査を再開。その後日本のかぐやをはじめ、各国が次々と無人探査機を打ち上げました。そして2009年に打ち上げられたアメリカのエルクロスは、ついに月に水の存在を発見。火星への有人飛行の拠点としても、月は今、大きな注目を浴びています。

アメリカの月探査機エルクロス。

日本のロケット

日本の宇宙開発は、1955年に東京大学の糸川英夫らがつくった固体燃料ロケット、ペンシルロケットから始まります。1970年には日本初の人工衛星、おおすみが打ち上げられました。現在は、あかつきを打ち上げたH-ⅡAロケットやこうのとり（HTV）を打ち上げたH-ⅡBロケットが使われています。

H-ⅡAロケットの次世代型、H-ⅡBロケット。

地上から宇宙《そら》から宇宙の観測

ガリレオが望遠鏡を初めて宇宙に向けてから後、観測の性能を上げるために、望遠鏡はどんどん大きくなっていきました。主鏡の大きさ（口径）が大きいほど、遠くの宇宙のかすかな光や電波を集めることができるからです。現在、地上にある大型の光学望遠鏡は口径が8～10メートル、電波望遠鏡は数十メートルを超す大きさです。

地上にある望遠鏡は、地球の大気が観測のじゃまをしますが、宇宙に望遠鏡をもっていけば、大気の影響を受けないため、鮮明な画像が得られます。天文衛星は、宇宙で観測を行うために、人工衛星に望遠鏡を載せて飛ばしたものです。

天文衛星の観測によって、地上からは観測できない新しい天体の現象が次々と発見されています。地上には届かない、X線や紫外線、ガンマ線などでも観測できるため、強いエネルギーを発する宇宙のダイナミックな姿も私たちに伝えてくれています。

地上からの観測

マウナケア山頂は、晴れの日が多く観測に適しているため、世界11ヶ国の望遠鏡がある。

◎ GBT グリーンバンク電波望遠鏡

アメリカにある。口径100mで、パラボラの向きを変えられるタイプとしては、世界最大。

◎すばる望遠鏡

ハワイのマウナケア山頂にある、日本の光学望遠鏡。口径は8.2m。最遠の銀河の撮影などに成功している。

宇宙からの観測

◎ハッブル宇宙望遠鏡

1990年にNASA（アメリカ航空宇宙局）とESAにより打ち上げられた。口径2.4mで、高度600kmから可視光と紫外線で観測。数々の美しい天体の画像を地球に届けている。

◎赤外線天文衛星ハーシェル

2009年にESA（ヨーロッパ宇宙機関）が打ち上げた衛星。口径は3.5m。地球から150万km離れたラグランジュ点で、星が誕生する現場などを観測。

◎電波天文衛星 WMAP

2001年にNASAが打ち上げた衛星。宇宙の晴れ上がりのときの電波をとらえ、宇宙が137億歳であることをつきとめた。

◎X線天文衛星すざく

2005年に打ち上げられた、日本の衛星。高度570kmから、ブラックホールや銀河団などが発するX線を観測している。

太陽以外の星を回る惑星を探す

地球のように生命が存在する惑星を発見するために、太陽以外の恒星を回る惑星探しが行われています。この惑星を「系外惑星」と呼びます。現在までに、450を超える系外惑星が発見され、海をもつ可能性のある惑星も報告されています。

系外惑星探査衛星ケプラーは、NASAが2009年に打ち上げた衛星です。すでに2010年に、5個の木星型（ガス惑星）の系外惑星を発見しました。2011年には、地球型の系外惑星が発見され、今後、生命の存在が確認されることに期待が高まっています。

太陽系の惑星を探る

太陽系の惑星の中で、特に多くの探査機が訪れているのが火星です。火星は地球の隣にあり、水の存在が確認され、生命の存在も期待されていることから、将来の地球化計画も視野に入れて、活発に探査が行われています。有人探査も検討されています。

水星、金星など地球近辺の惑星だけでなく、木星より遠い惑星にも、地球から長い時間をかけて探査機が飛んでいき、観測を行っています。歴史に残る探査を行ったのが、1977年に打ち上げられたボイジャー2号です。木星から海王星までの惑星のグランドツアーを成し遂げ、同じ年に打ち上げられた1号とともに、現在も太陽から130億キロメートル以上も離れたはるか彼方で、探査を続けています。

惑星以外の、彗星や小惑星などの小さな天体にも太陽系の起源を求めて、探査機が調査活動中です。

◎水星の探査

水星には、1974年から75年にかけてマリナー10号探査機が接近し、表面の約半分を撮影した。2008年にはメッセンジャー探査機（右）が接近。表面の撮影のほか、大気や磁場の観測も行っている。

NASA etc.→p.159

◎金星の探査

金星には今まで20機以上の探査機が接近・到達した。マゼラン探査機により詳しい地形データも得られている。下は日本の金星探査機あかつき。硫酸の雲が浮かぶ、金星の大気の謎を探る。

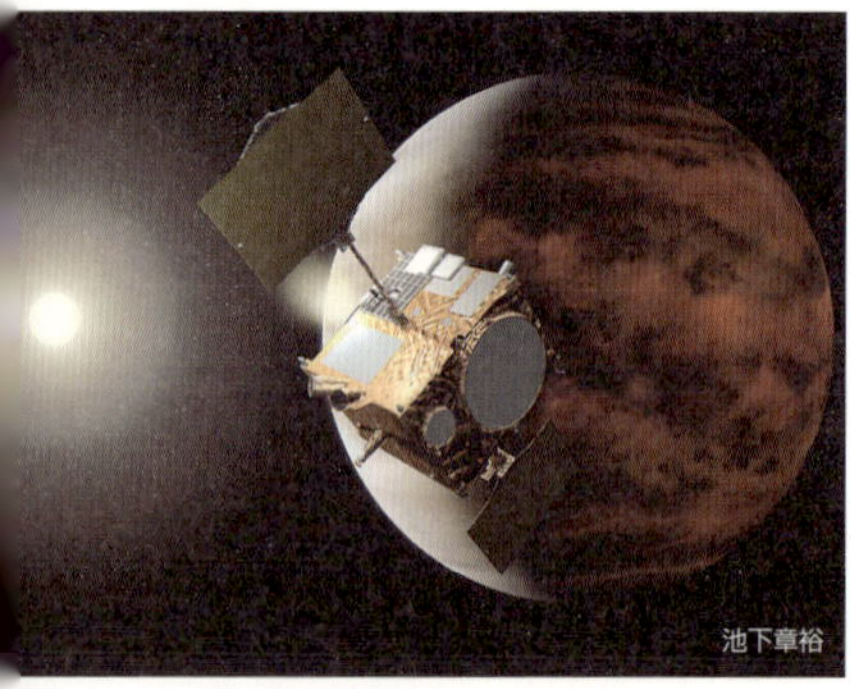
池下章裕

金星に願いを届ける

あかつき探査機は、アルミプレートに印刷された、約26万人のメッセージを搭載しています。「あなたのメッセージを金星へ届けます」というキャンペーンに応募した人たちからのメッセージです。世界中から届いた願いを載せ、あかつきは2010年５月に打ち上げられました。

◉火星の探査

火星に向けて、今まで30機以上の探査機が打ち上げられた。失敗したものも多いが、バイキング1号など着陸した探査機も数機あり、地形や地質、水環境などについて詳しい調査が行われている。下は無人探査車のオポチュニティ。2004年から6年以上探査を続けている。

NASA/JPL-Caltech/Cornell

NASA/JPL-Caltech/UA/Lockheed Martin

NASA etc.→p.159

2008年に火星に着陸したフェニックス(写真左)は、地表を削って氷を発見した（右）。

◉木星より遠くの惑星の探査

初めて木星を探査したのは、1973年のパイオニア10号だ。その後、パイオニア11号、ボイジャー 1号、2号が木星より遠くの惑星にも接近した。1997年に打ち上げられたカッシーニ探査機は、土星とその環、タイタンなどの衛星について、詳細な探査を行っている。

NASA/JPL

土星に近づくカッシーニ探査機。衛星タイタンの探査では、湖を発見した。

NASA

ボイジャー 1号と2号は、木星の環、土星の環や大気、天王星や海王星の環や衛星などについて、新しい発見を次々ともたらした。

◉外縁天体の探査

太陽系外縁天体には、探査機がまだ訪れていない。2006年に打ち上げられたニューホライゾンズ探査機は、2015年に冥王星に接近し、冥王星やその衛星などを探査する予定だ。

NASA etc.→p.159

宇宙に滞在 国際宇宙ステーション

国際宇宙ステーション（International Space Station=ISS）は、巨大な宇宙基地です。世界15ヶ国の協力のもと、建設が進められました。各国の宇宙飛行士が常に滞在して、宇宙の真空や無重力を利用した実験や観測などを行っています。地上から約400キロメートルの高さにあり、約90分で地球を1周します。1998年に建設が始まり、2011年7月に完成しました。

大きさは、サッカー場ほどもあります。

参加国は、アメリカ、ロシア、日本、ヨーロッパ11ヶ国とカナダです。日本からも宇宙飛行士が向かい、長期滞在しています。

phすべてNASA

▲アメリカのスペースシャトル・アトランティス号の打ち上げ。宇宙飛行士とISSの機材を載せている。

▼ISSに接近するロシアのソユーズ宇宙船。

船外活動で、きぼうへの機器の取りつけを行う。

アトランティス号が撮影したISS。

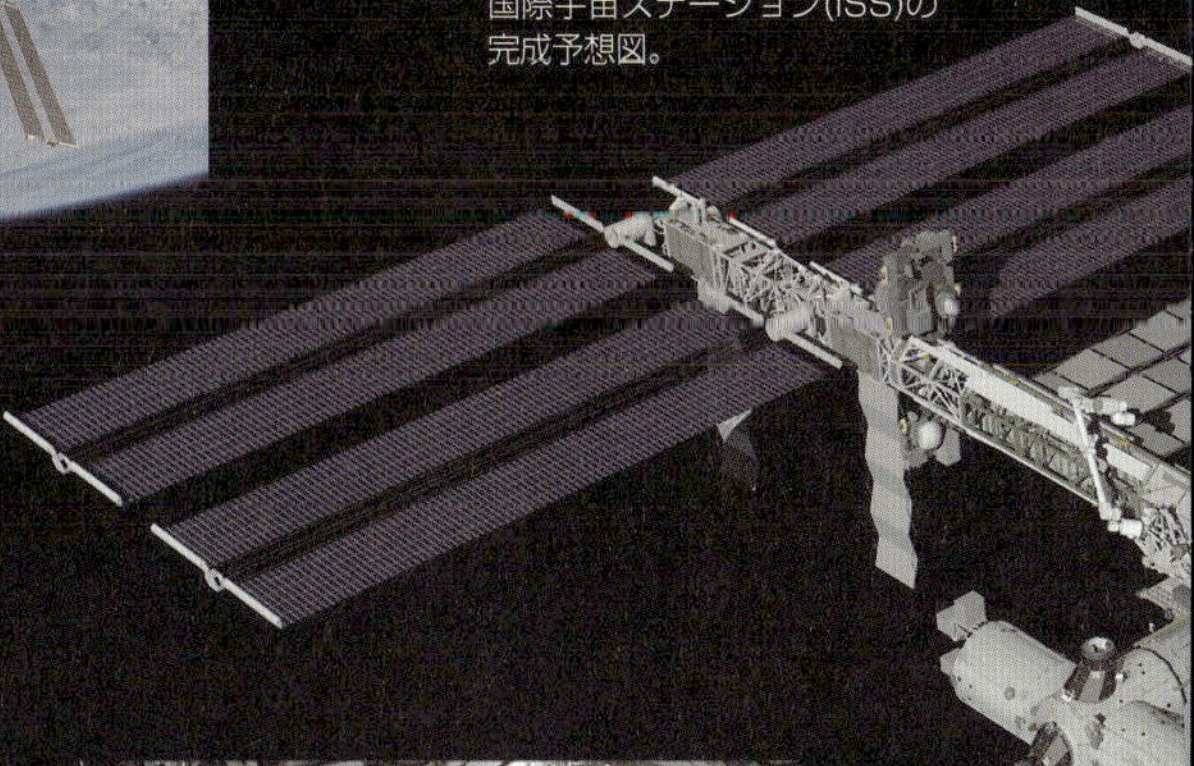

国際宇宙ステーション(ISS)の完成予想図。

日本が開発した、「きぼう」日本実験棟。

ロボットアームを操作する、野口聡一宇宙飛行士。ISSに約5ヶ月滞在した。

きぼう船内の実験室で作業する、若田光一宇宙飛行士。若田飛行士は約4ヶ月間、ISSに滞在した。

国際宇宙ステーションを見よう

ISSは約90分で地球をひと回りしています。日本上空を通過したときに、条件がよければ肉眼で見ることができます。夕方や明け方の夜空に1等星以上の明るさで見えるので、ぜひ探してみましょう。いつ、どの方角に見えるかという情報は、JAXAのHPに掲載されています。

JAXA

JAXAの「国際宇宙ステーション(ISS)を見よう」のHPより。
http://kibo.tksc.jaxa.jp

これからの宇宙開発

35億年以上前に地球に生まれた命は、多様化することで、環境の変化に対応し、今日まで生き残ってきました。多様化することが、生命が生き延びるためにとても重要なことであるなら、4億年前、生命が海から陸へと上がったように、人類が地球から宇宙へ出ることも進化の多様化のひとつなのかもしれません。

そして現在、一般の人が出かける宇宙旅行の募集が始まっています。高度約100キロメートルの宇宙空間で、数分間の無重力体験を行うツアーです。

今の技術で月までは3~4日、火星までは約半年で行くことができます。「夏休みは月へ」「火星のオリンポス山観光」……。いつか、こんなパンフレットが、旅行会社から出る日も来るのでしょうか。

◎月面基地

JAXA

月での天体観測や火星への有人探査の拠点、エネルギー資源を得るなどの目的で、月面基地が構想されている。左は日本が考える月面基地。ロボットが活躍する。

◎ ALMA アルマ望遠鏡

ALMA(ESO/NAOJ/NRAO)

日本が主導する東アジア、北米、ヨーロッパ、チリなどが共同で、チリに建設中の電波望遠鏡。66台の電波望遠鏡を組み合わせて、巨大な望遠鏡として使用し、惑星の誕生の様子などを探る。2012年に本格運用予定。

◎ TMT 30m 望遠鏡

TMT Observatory Corporation

主鏡の口径が30mもある超大型の光学赤外線望遠鏡。アメリカとカナダが計画し、日本も協力して、2021年にハワイ島マウナケア山頂に完成予定。宇宙の初期の銀河や星などを観測。

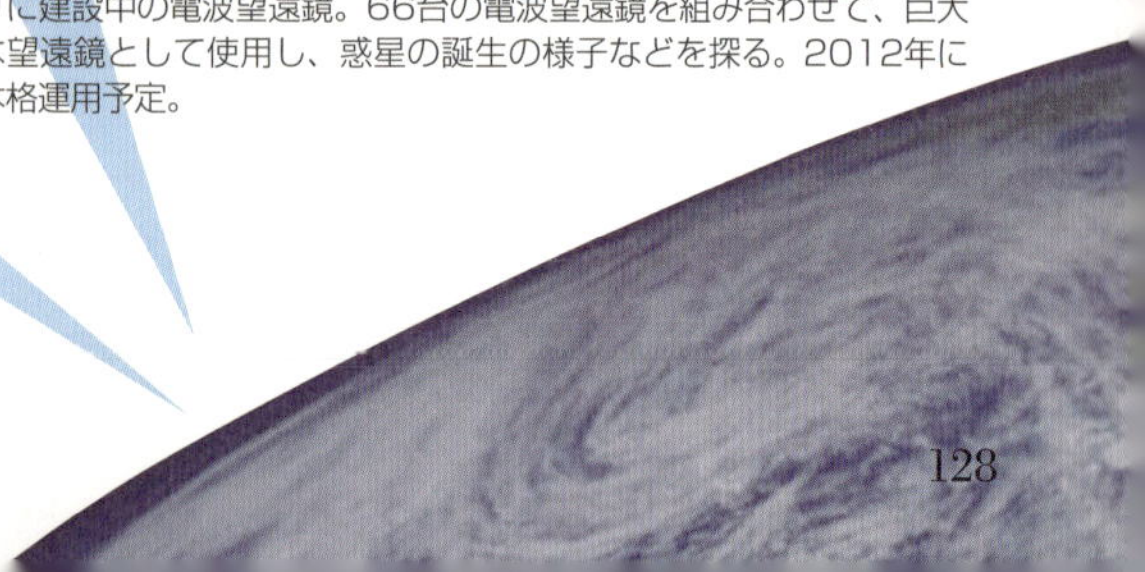

これからの望遠鏡や宇宙船など

◎小型ソーラー電力セイル実証機　IKAROS《イカロス》

太陽の光を帆に受けて進む、日本の宇宙ヨット。帆に太陽電池を取りつけて、太陽光発電も同時に行い、その電力でイオンエンジンを動かす。2010年５月に打ち上げられた。将来は木星探査機へ技術を応用する計画だ。

◎ JWST ジェームズ・ウェッブ宇宙望遠鏡

ハッブル宇宙望遠鏡の後を継ぐ、赤外線宇宙望遠鏡。主鏡の口径は6.5mもある。地球から150万km離れた地点で、宇宙誕生直後の銀河などを探す。2018年に打ち上げ予定。

◎民間宇宙船 VSS エンタープライズ

宇宙旅行用に開発された宇宙船。高度110kmまで上昇し、無重力を体験できる。運航開始の目標は、2013年。旅行会社では高度400kmの宇宙ステーション滞在も計画しており、すでにISSに滞在した民間人もいる。

宇宙人を探そう

地球以外の天体に、生命はいるのでしょうか？　もしいるのなら、通信に電波を利用するのではとの考えから、宇宙人が発する電波をとらえて、宇宙人を見つけるプロジェクトが行われています。

Search for Extra-Terrestrial Intelligence（地球外知的生命探査）の頭文字から、SETIと呼ばれ、1960年にアメリカで開始されました。現在、プエルトリコにあるアレシボ天文台で受信した電波を、インターネットを通じて一般の家庭のパソコンで解析する「SETI@home」という計画が進行しています。無料のソフトをダウンロードし、インターネットにつなげば、誰でも宇宙人探しに参加できるのです。

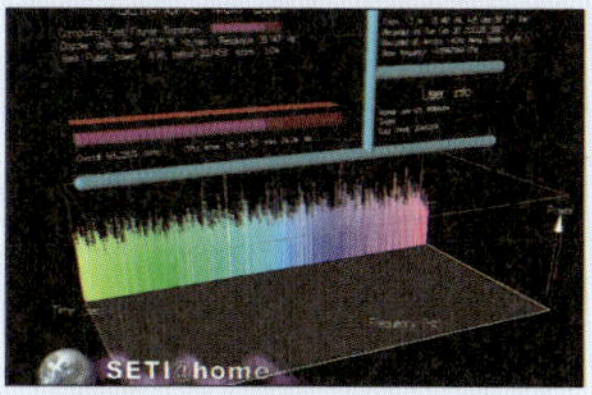

SETI@homeに参加したパソコンが、データを解析している画面。
HP: http://setiathome.ssl.berkeley.edu

column 6

太陽にたよらない命

●深海生物と地球外生命

太陽の光を受けて、緑の葉っぱが、二酸化炭素という無機物から、花や実という有機物をつくり、それを草食動物が食べ、さらにその動物を肉食動物が食べる。すべての命は、太陽の恵みのもとに生きている。

そんな常識がくつがえされたのは、今からほんの30年ほど前。1977年。場所はガラパゴス諸島近くの水深2500メートルの深海。水深2500メートルといえば、太陽の光は全く届かず、暗く冷たくものすごい圧力がかかります。さらに、私たちにとっては猛毒の硫化水素を含む熱水が吹き出す場所。生物がいるとは、誰も思っていなかったそんな場所に、ハオリムシや、エビやカニ、貝などが元気にくらしていたのです。彼らは、硫化水素を利用して無機物から有機物をつくることのできる細菌を体の中に宿らせたりして栄養をもらっていたのです。

それは、地球外生命の可能性を考えるときの常識をもくつがえすものでした。

ヒトにとっては過酷な星であっても、そこに合った生物がいるかもしれない。科学の進歩は、私たちに、現在の常識の小ささをも教えてくれます。

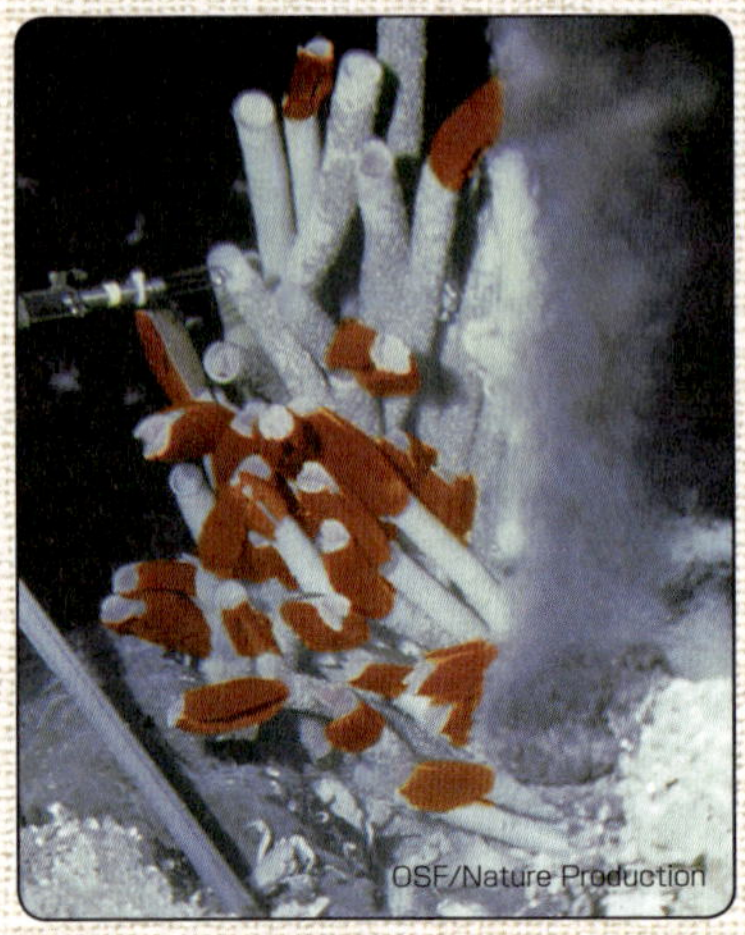

ガラパゴスハオリムシ。長いものは2mを超える。口も消化管も肛門もない動物だが、この筒のなかに細菌を宿し、栄養をもらって生きている。

chapter

7 宇宙を楽しもう

ペルセウス座流星群

夏の大三角と天の川。

夜空を見上げよう

宇宙を楽しむには、まずは晴れた夜に、気軽に空を見上げるのが一番です。もちろん天体望遠鏡がなくても、夜空は肉眼で充分に楽しめます。

仕事帰りに、月をしばし眺めるのもよいでしょう。1等星や惑星など、明るく光る目立つ星は、都会でもすぐに見つけることができます。旅行に出かけたら、いつもとは違う星空をじっくりと眺めて、宇宙の壮大さに思いを馳せるのもよいですね。

見つけた星がどんな星か知りたくなったら、星座早見などで調べることができますが、星に詳しい人に教えてもらえると心強いですね。満天の星空の下で、さまざまな形で星を楽しめるイベントが、全国各地で開催されています。機会を見つけて、ぜひ足を運んでみましょう。

星まつり

毎年夏に、全国各地で行われています。期間中に星空コンサートや観望会、天体写真コンクールや手作り望遠鏡教室など、さまざまなイベントが準備され、大人から子どもまで楽しめます。次に紹介した以外にも、各地で行われています。

胎内星まつり

場所 新潟県胎内市胎内平
日時 8月下旬頃
問合せ 胎内市商工観光課
TEL：0254-43-6111
HP http://www.tainai.jp
入場料 無料

世界で最大の星の祭典。50社を超える望遠鏡メーカー、天文グッズなどの販売ブースが開設され、昼夜のイベントが行われる。

サマーホリデー in 原村星まつり

場所 長野県諏訪郡原村八ヶ岳自然文化園
日時 8月上旬頃
問合せ サマーホリデー in 原村星まつり実行委員会事務局（八ヶ岳自然文化園内）
TEL：0266-74-2681
HP http://yatsugatake-ncp.com
入場料 無料

八ヶ岳の標高1,300mの地点から眺める夜空には、満天の星が輝く。望遠鏡や天文グッズのブースも並び、イベントも多い。

花立山星まつり

場所 茨城県常陸大宮市　花立自然公園ほか
日時 7月下旬～8月上旬頃
問合せ 常陸大宮市美和総合支所経済建設課
TEL：0295-58-3851
HP 常陸大宮市HP：
http://www.city.hitachiomiya.lg.jp
入場料 無料

花立山天文台の手づくり82cm望遠鏡の一般公開や星空コンサート、星空落語などさまざまなイベントを開催。

みんなで楽しむ星のおまつり 星をもとめて

場所 京都府南丹市園部町大河内広谷1-8
るり渓温泉　ポテポテパーク一帯
日時 9月頃
問合せ 「星をもとめて」実行委員会　事務局
TEL：090-3053-3684
HP http://www.hoshimoto.jp/
入場料 無料

西日本にも星まつりを、との思いからアマチュア天文ファンが開催してきた手作りの星まつり。全国から人が集まる。

清和高原スターフェスタ

場所 熊本県上益城郡山都町井無田 清和高原天文台
日時 8月12日（ペルセウス座流星群が流れる日）
問合せ （財）清和文楽の里協会
TEL：0967-82-3300
HP http://www.town.kumamoto-yamato.lg.jp/bunrakunosato/astroseiwa
入場料 小中学生200円／高校生以上300円

流れ星の下で、テントを持ち込んで、一晩中星空が楽しめる。

南の島の星まつり

場所 沖縄県石垣市
石垣港新港地区サザンゲート緑地公園 ほか
日時 8月（旧暦の七夕の頃）
問合せ 南の島の星まつり実行委員会
（石垣市企画部観光課）
TEL：0980-82-1535
HP 石垣市企画部観光課HP：
http://www.city.ishigaki.okinawa.jp/110000/tourism/kankouka/
入場料 無料

島全体をライトダウンして、満天の天の川が楽しめる。国立天文台ＶＥＲＡ石垣島観測局の施設公開などもある。

そのほかの星を楽しむイベント

星まつり以外にも星を見るイベントは、スター･ウィーク（毎年8月1日～8月7日）や、旧暦の七夕（8月）、冬至や夏至のライトダウンのときなどに、全国で開催されています。HPなどで情報をチェックしてみましょう。

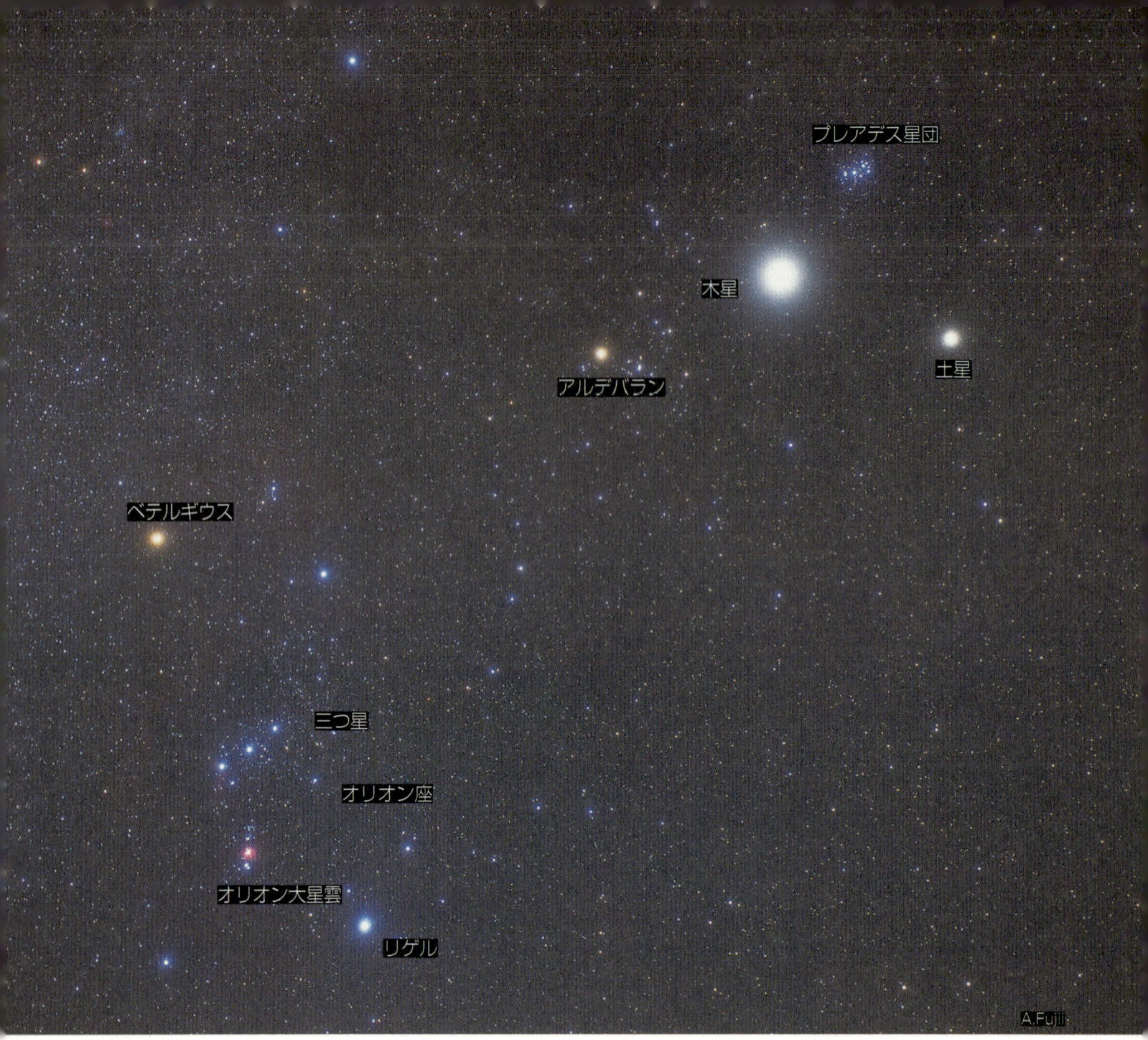

冬の夜空。

星を見つけよう

夜空には、さまざまな種類の星がともに輝いています。一番見分けやすいのが、恒星です。空にぴったりとはりついたように、星同士が同じ位置関係を保って瞬いています。よく見ていると、地球の自転とともに1時間に15度ずつ、西へ移動します。そして、地球の公転とともに1日に1度ずつ西へ移動するので、季節によって見える星座が変わるのです。

恒星の間を縫うようにして移動する、とても明るい星が惑星です。恒星は地球から遠くにありすぎるため、望遠鏡でどんなに拡大しても点にしか見えませんが、惑星は近くにあるため、大きな望遠鏡で見れば見るほど、大きく立体的に見えます。

星雲や星団、銀河も遠くにある天体ですが、中には肉眼で見えるものもあります。見つけやすいものを紹介しますので、探してみましょう。

◎恒星を見よう

夏の大三角

こと座のベガ（織姫星）、わし座のアルタイル（彦星）、はくちょう座のデネブの3つの1等星を結んだ三角形です。一番明るいベガから見つけると、わかりやすいでしょう。（p.132参照）

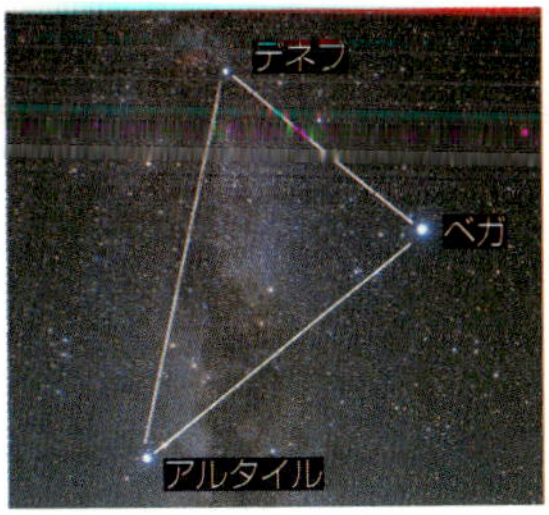

冬の大三角

全天一明るいおおいぬ座のシリウス、こいぬ座のプロキオン、オリオン座のベテルギウスの、3つの1等星を結んだ三角形です。オリオン座の三つ星を目安に探すと見つけやすいでしょう。

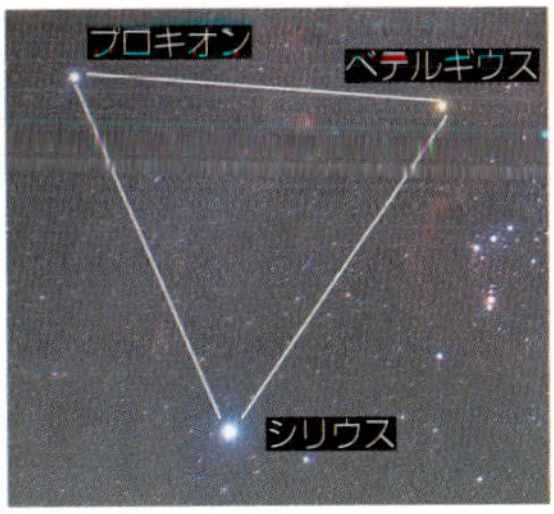

◎星雲を見よう

オリオン大星雲（M42）

オリオン座の三つ星のすぐ下でぼうっと光って見えます。肉眼でも見えます。この星雲の中では、今でも星が誕生しています（下は双眼鏡で見たもの）。

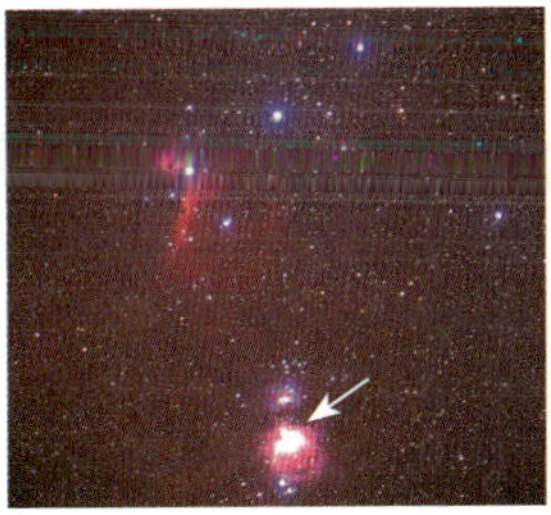

◎星団を見よう

球状星団（M4）

夏を代表するさそり座の赤い1等星、アンタレスのすぐ西にあります。暗い空なら、肉眼でもぼんやり見えます。双眼鏡でのぞくと、丸い光のしみのように見えます。

プレアデス星団（M45、すばる）

オリオン座の三つ星を右（西）へのばすと、おうし座の1等星アルデバランにぶつかります。さらに西へのばすと見つかる、6～7個の星の集団です。肉眼でも見えます（下は双眼鏡で見たもの）。

◎銀河を見よう

アンドロメダ銀河（M31）

秋に見られるアンドロメダ座の右の腰のあたりにあります。肉眼でも細長い雲のように見えますが、双眼鏡でのぞくと下の写真のようによく見えます。

6点ともA.Fujii

星座早見を使ってみよう

星空を眺めるときに、星座早見があるととても便利です。日付と時刻をセットすると、そのとき見られる星座が一目でわかります。星団や星雲も描いてあります。

月や惑星は日によって位置を変えるため、描かれていませんが、雑誌やインターネットで調べることができます。

日付と時刻の目盛りを合わせる。

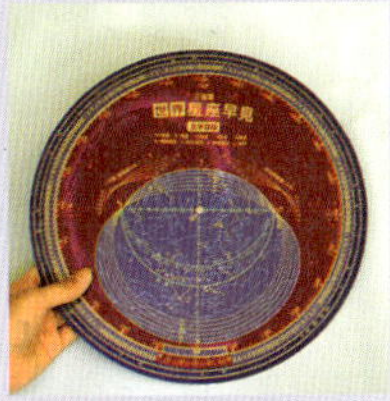

南の空を見るときは、星座早見の南を下にもつ。

毎日新聞社

月の名前

約1ヶ月で満ち欠けを繰り返す月は、形によって名前がつけられ、日を数えるのに使われてきました。「弦」とは弓に張る糸のことで、旧暦の上旬に現れる弦月を「上弦の月」、下旬に現れる弦月を「下弦の月」と呼びます。月が昇る時刻は、毎日数十分ずつ遅くなります。「立待月」は、日没後、立って待っているうちに月が昇ることからついた名で、「居待月」は座って待つ、「寝待月」は寝て待つという意味です。

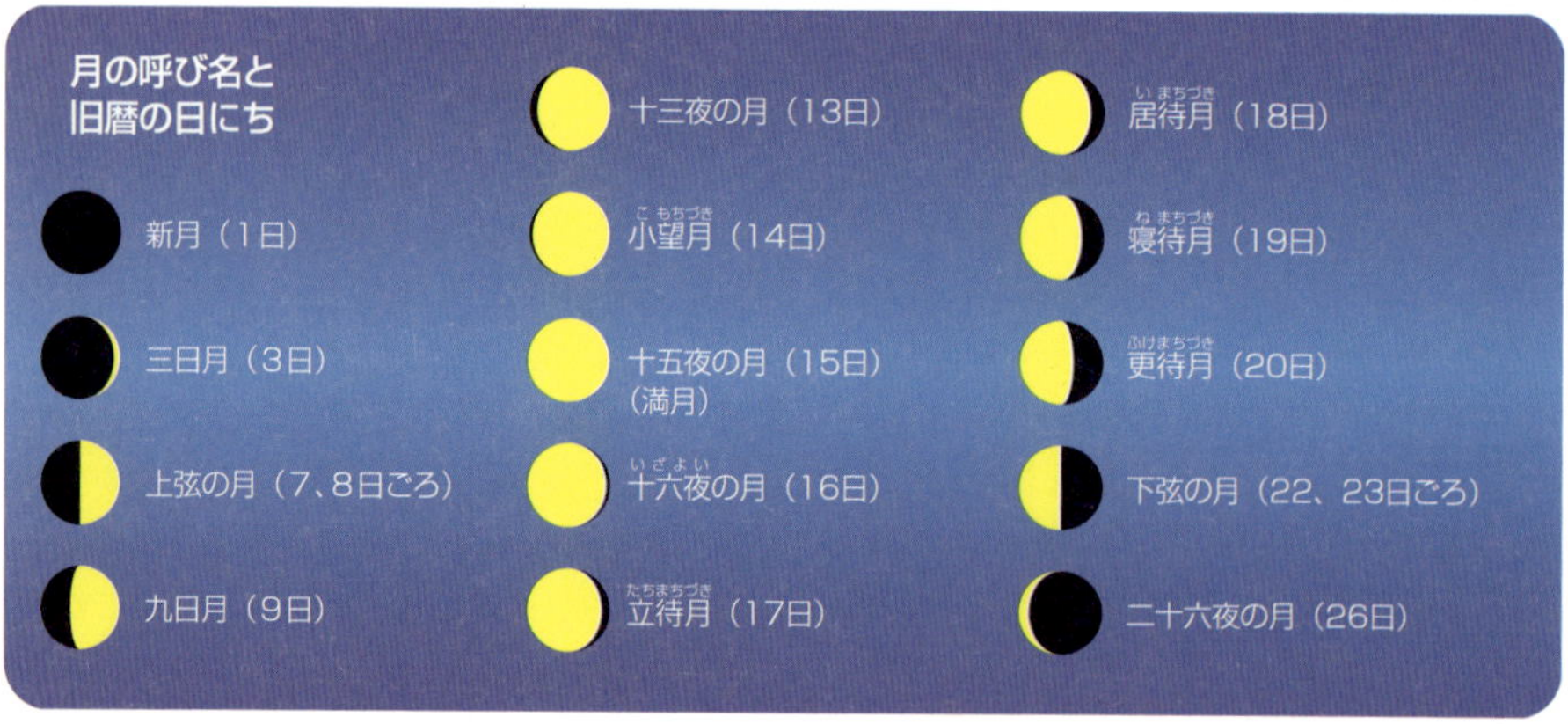

月の呼び名と旧暦の日にち
新月（1日）
三日月（3日）
上弦の月（7、8日ごろ）
九日月（9日）
十三夜の月（13日）
小望月《こもちづき》（14日）
十五夜の月（15日）（満月）
十六夜《いざよい》の月（16日）
立待月《たちまちづき》（17日）
居待月《いまちづき》（18日）
寝待月《ねまちづき》（19日）
更待月《ふけまちづき》（20日）
下弦の月（22、23日ごろ）
二十六夜の月（26日）

月を楽しもう

日々形を変える月。遠い昔から、人は月を見つめ、物語をつむぎ、歌に詠み、絵に描いてきました。「立待月」「居待月」「寝待月」……。月の名前からは、人々が夜ごとの月を心待ちにしていた姿が感じられます。

現代でも、月を眺めることで、日常の些末な事柄から心を解き放ち、遠く離れた人と心をつなぐこともできます。

富士山や、それぞれの街のランドマークと一緒に見る満月、真昼の月、惑星のそばの月など、「月見」には、さまざまな楽しみ方があります。月の満ち欠けの載っているカレンダーがあると便利です。

最も身近な天体である月。月を楽しむことは、広大な宇宙を知る入り口でもあるのです。

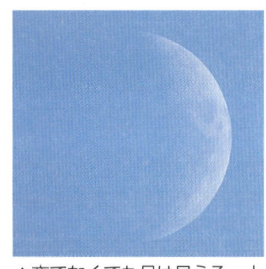

▲夜でなくても月は見える。上弦の月は夕方に、下弦の月は朝方に、南の空に見られる。
▶富士山頂に沈む満月。神奈川県横浜市より。

太陽に近い三日月は、夕方の西空に、宵の明星の金星と並んで見えることがある。

2点ともA.Fujii

旧暦を見直そう

旧暦とは、明治時代の初めまで日本で使われていた太陰太陽暦のことです。七夕や中秋の名月などの季節の行事は、もともと旧暦にしたがって行われていたため、現在の暦では季節のずれが生じてしまうのです。例えば七夕（7月7日）は、現在の暦では梅雨のために雨の可能性が高いですが、旧暦では梅雨明け後の夏の日になります。旧暦7日の月は上弦のころの月で、上半分が欠けた月の形を、牽牛が織女（織姫）に会うために天の川を渡る船に見立てたといわれます。季節の行事を本来の意味で味わうためにも、旧暦を見直してみませんか。

現在の暦に旧暦に換算した日付や月の満ち欠けを記したカレンダー。

ペルセウス座流星群。

流れ星を見よう

流れ星は、地球の大気に宇宙の砂粒が猛スピードで飛び込んで、燃えて発光したものです。

都会でも見られる明るい流れ星も、ひと晩に数個は流れています。流れ星が消えないうちに願いごとを3回唱えると、願いがかなうといわれていますが、突然現れてはすぐに消えてしまうため、唱えるのはなかなか難しいものです。願いごとを決め、心の準備をして、出会うタイミングを計るとよいでしょう。

そのタイミングが、流星群の夜です。流星群が見られる時期に、空が広く見える暗い場所に寝ころんで、1時間ほどゆっくりと星を眺めると、数十個の流れ星と出会うことができるでしょう。街中でも、光を避けて暗闇に目をならしてから空を見渡していると、いつもよりも流れ星と出会えるチャンスがずっと高くなります。

流星群を見よう

毎年決まった時期に、決まった星座の方向から四方に飛び出すように見える流星を、流星群といいます。特に夏は、流星群が見られる日が多いです。機会を見つけて、眺めてみましょう。

毎年見られる主な流星群

流星群名	出現する期間	極大日	極大時の1時間の平均数	母天体	性質
しぶんぎ座	1月2日～5日	1月3日～4日	20個	—	4日早朝に多い
こと座	4月20日～23日	4月21日～23日	5個	1861年の大彗星(テバット彗星)	ときどき活発
おとめ座	3月26日～4月27日	4月7日～18日	1個	—	明るいものがある
みずがめ座η《エータ》	5月3日～10日	5月4日～5日	5個	ハレー彗星	明け方、放射点低い
みずがめ座δ《デルタ》	7月27日～8月1日	7月28日～29日	10個	—	南群と北群に放射点がある
やぎ座α《アルファ》	7月25日～8月10日	8月1日～2日	5個	—	明るいものがある
ペルセウス座	8月7日～15日	8月12日～13日	50個	スイフト・タットル彗星	はやい、流星痕を残す、活発
はくちょう座	8月10日～31日	8月19日～20日	1個	—	ごく少数
オリオン座	10月18日～23日	10月21日～23日	10個	ハレー彗星	ややはやい、流星痕を残す
おうし座	10月23日～11月20日	11月4日～7日	2個	エンケ彗星	明るいものがある
ふたご座	12月11日～16日	12月12日～14日	30個	小惑星ファエトン	はやい、活発
こぐま座	12月21日～23日	12月22日～23日	3個	タットル彗星	ゆっくり

流星群が飛び出す「放射点」

流星群は、夜空のある1点から放射状に飛び出してくるように見えます。この点を「放射点」と呼びます。

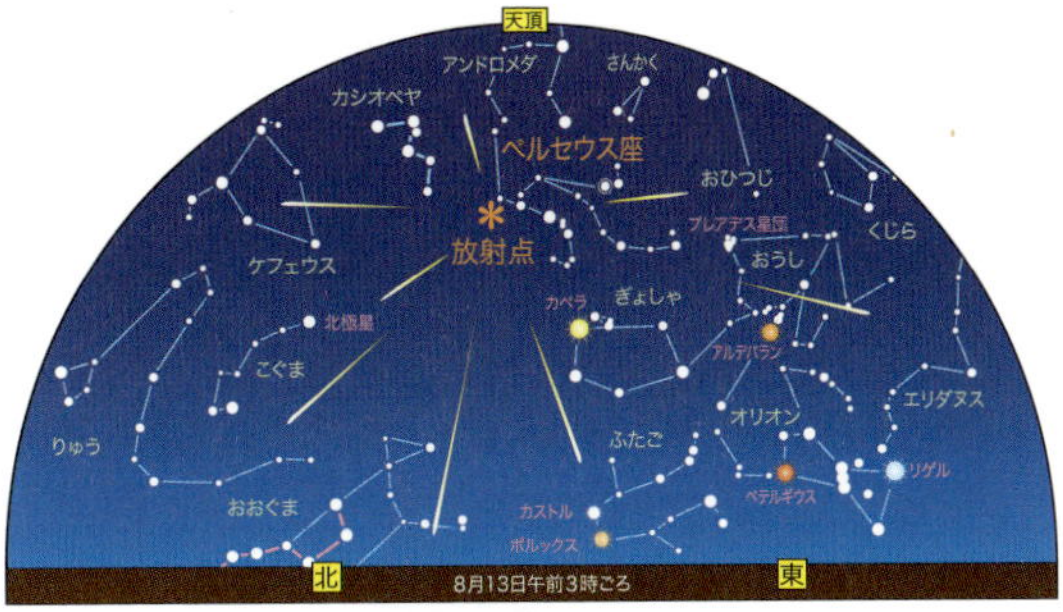

ペルセウス座流星群の放射点

最も多くの流れ星が見られる、流星群。ピークは8月12～13日で、夕方に北東の空に低く現れ、真夜中に空高くのぼる。

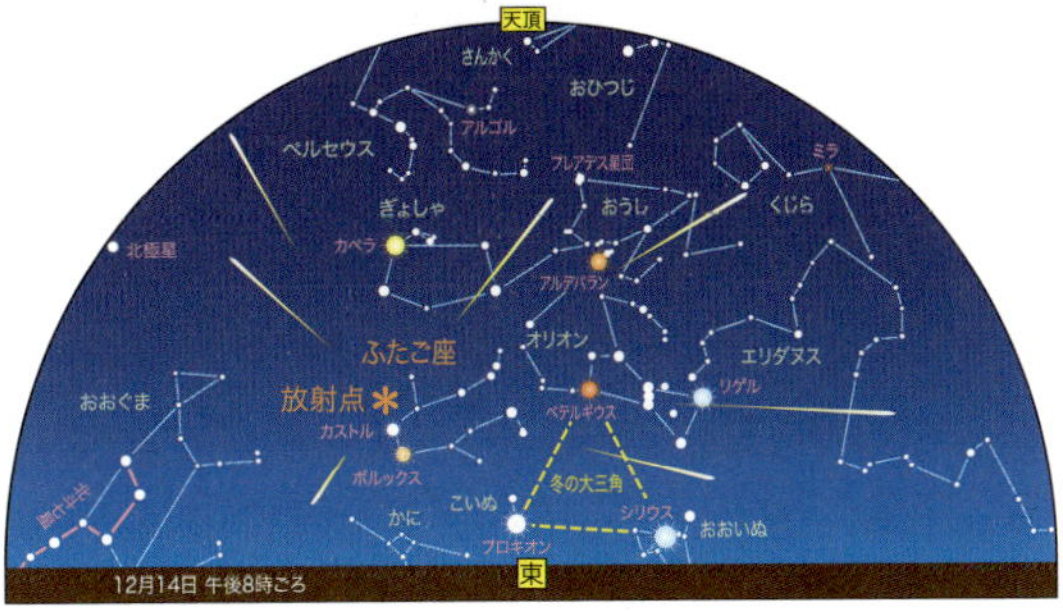

ふたご座流星群の放射点

ペルセウス座と並ぶ活発な流星群で、ピークは12月14日ごろ。日暮れから夜明けまで、一晩中楽しめる。

「食」を楽しもう

日食と月食は、天体ショーの中でも特にイベント性の高いものです。月も太陽も見つけやすいので、晴れていれば、誰でも楽しむことができます。

地球の影に月が隠れる月食は、同じ日に日本中どこから見ても、欠け始める時間や見え方は一緒です。しかし、太陽が隠れる日食は、欠け始める時間や見え方が場所によって大きく違います。

食が始まった瞬間を見ると感動しますので、自分が見る場所の始まる時間をチェックしておくとよいでしょう。満月も太陽も明るいので、街中でも刻々と変わる形の変化を楽しむことができます。また自然の中で見ると、月と太陽の光の変化も体感することができます。

2点ともA.Fujii

月食の見方

月食は満月が欠けて見える現象のため、肉眼で観察できます。皆既中は月面が赤く照らされます。火山の噴火などで空にちりが多いときは、真っ黒になって見えないときもあります。

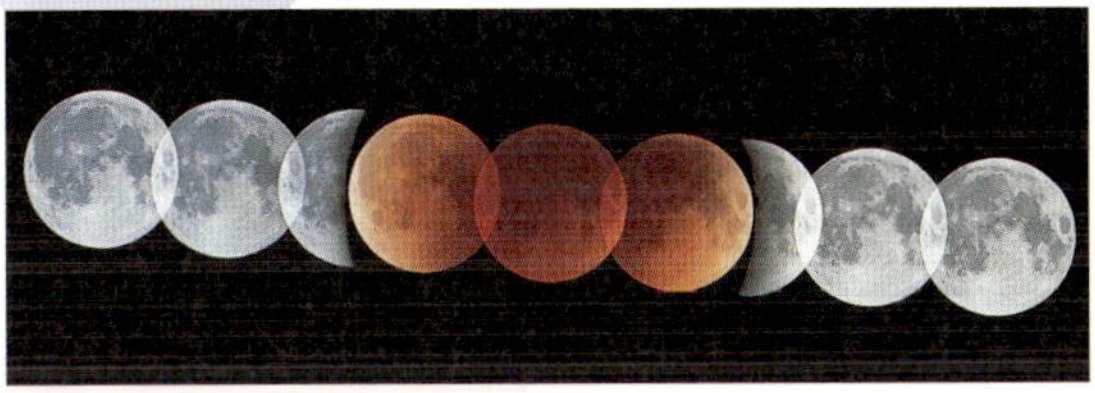

日食の見方

日食を肉眼で見ると太陽の強い光で目を痛め、場合によっては失明する危険もあるため、決して肉眼で見てはいけません。天体望遠鏡や双眼鏡、黒い下敷き、CD、サングラスやゴーグルなどでも見てはいけません。専用の日食グラスを使うか、木もれ日の太陽の形を観察しましょう。

これから日本で見られる日食

皆既日食や金環日食は、毎年のように地球上のどこかで起こっていますが、日本で見られる機会はめったにありません。部分日食なら、見られる機会が増えます。欠ける割合や見え方、時刻は地方によって異なります。

年月日	最も大きく欠ける割合(食分※)			見られる地域と状況
	札幌	東京	福岡	
2016年3月9日	0.13	0.26	0.20	全国で部分日食
2019年1月6日	0.54	0.42	0.32	全国で部分日食
2019年12月26日	0.26	0.39	0.34	関東より北では日没帯食※
2020年6月21日	0.28	0.46	0.61	全国で部分日食
2023年4月20日	—	—	—	九州〜東海の南岸・沖縄で0.15%
2030年6月1日	0.96	0.80	0.66	北海道では金環日食
2031年5月21日	—	—	—	九州南部から南の地方
2032年11月3日	0.63	0.51	0.50	関東より北では日没帯食
2035年9月2日	0.81	1.00	0.86	北陸から北関東で皆既日食

※食分･･･太陽の欠けた部分の割合を示す量が1を超えるものが、皆既日食となる。

※日没帯食･･･欠けたまま西へ沈んでしまう日食。

これから日本で見られる月食

日食と違って、月食は月が出ている地域であれば、地球上のどこでも観察できます。
月が昇る時刻は、地域によって違いがあります。

年月日	種類	欠ける割合	欠け始め	終わり	見られる地域
2013年4月26日	部分	0.021	4時52分	5時23分	全国
2014年4月15日	皆既	1.296	14時58分	18時33分	全国で終わりのみ
2014年10月8日	皆既	1.172	18時14分	21時35分	全国
2015年4月4日	皆既	1.005	19時15分	22時45分	全国
2017年8月8日	部分	0.252	2時22分	4時19分	全国
2018年1月31日	皆既	1.321	20時08分	0時11分	全国
2018年7月28日	皆既	1.614	3時24分	月没後	全国で前半のみ
2019年7月17日	部分	0.658	5時01分	月没後	全国で前半のみ
2021年5月26日	皆既	1.02	18時44分	21時53分	全国
2021年11月19日	部分	0.98	16時18分	19時47分	全国
2022年11月8日	皆既	1.36	18時8分	21時49分	全国

日食（右）と月食（左上）の連続写真。

プラネタリウムに行こう

雨の日でも真っ昼間でも都会の真ん中でも、満天の星を楽しめるのがプラネタリウムです。

全国には、実に３００館以上ものプラネタリウムがあります。半世紀の歴史を誇る館、１０００万個もの星を映し出す機械を持つ館、ＣＧを使った迫力ある映像や音楽に力を入れている館、宇宙に関する最新の研究成果を紹介する館、生の解説を大切にしている館など、個性もさまざまです。

季節ごとに紹介する内容も変わるので、お気に入りの館を見つけて何度も通ったり、プラネタリウムのはしごをするのも楽しいでしょう。

プラネタリウムでは、今月の星座や惑星の位置を教えてくれます。ドームいっぱいに美しく再現された星空を堪能した後は、星や星座の知識も深まり、夜空がよりいっそう魅力的にうつるでしょう。

岐阜市科学館

住所 岐阜県岐阜市本荘3456-41
TEL 058-272-1333
HP http://www.city.gifu.lg.jp/c/22130029/22130029.html

名古屋市科学館

住所 愛知県名古屋市中区栄2-17-1
TEL 052-201-4486
HP http://www.ncsm.city.nagoya.jp

大阪市立科学館

住所 大阪府大阪市北区中之島4-2-1
TEL 06-6444-5656
HP http://www.sci-museum.jp

明石市立天文科学館

住所 兵庫県明石市人丸町2-6
TEL 078-919-5000
HP http://www.am12.jp

ライフパーク倉敷科学センター

住所 岡山県倉敷市福田町古新田940
TEL 086-454-0300
HP http://www2.city.kurashiki.okayama.jp/lifepark/ksc/

愛媛県総合科学博物館

住所 愛媛県新居浜市大生院2133-2
TEL 0897-40-4100
HP http://www.i-kahaku.jp

宮崎科学技術館

住所 宮崎県宮崎市宮崎駅東1-2-2
TEL 0985-23-2700
HP http://www.city.miyazaki.miyazaki.jp/cul/cosmoland

鹿児島市立科学館

住所 鹿児島県鹿児島市鴨池2-31-18
TEL 099-250-8511
HP http://www.synapse.ne.jp/~kmsh-science

全国のプラネタリウム

札幌市青少年科学館

住所 北海道札幌市厚別区厚別中央1条5-2-20
TEL 011-892-5001
HP http://www.ssc.slp.or.jp/

秋田ふるさと村 星空探検館スペーシア

住所 秋田県横手市赤坂字富ケ沢62-46
TEL 0182-33-8800
HP http://www.akitafurusatomura.co.jp/2play/spa.html

郡山市ふれあい科学館スペースパーク

住所 福島県郡山市駅前2-11-1
(ビッグアイ20～24階)
TEL 024-936-0201
HP http://www.space-park.jp

わくわくグランディ科学ランド

住所 栃木県宇都宮市西川田町567
TEL 028-659-5555
HP http://www.tsm.utsunomiya.tochigi.jp

日本科学未来館の立体視プラネタリウム作品。

さいたま市青少年宇宙科学館

住所 埼玉県さいたま市浦和区駒場2-3-45
TEL 048-881-1515
HP http://www.kagakukan.urawa.saitama.jp

日本科学未来館

住所 東京都江東区青海2-3-6
TEL 03-3570-9151
HP http://www.miraikan.jst.go.jp

府中市郷土の森博物館

住所 東京都府中市南町6-32
TEL 042-368-7921
HP http://www.fuchu-cpf.or.jp/museum

サイエンスドーム八王子(八王子市こども科学館)

住所 東京都八王子市大横町9-13
TEL 042-624-3311
HP http://www.city.hachioji.tokyo.jp/kyoiku/gakushu/sciencedome

はまぎん こども宇宙科学館

住所 神奈川県横浜市磯子区洋光台5-2-1
TEL 045-832-1166
HP http://www.ysc.go.jp/ysc

藤沢市湘南台文化センター こども館

住所 神奈川県藤沢市湘南台1-8
TEL 0466-45-1500
HP http://www.kodomokan.fujisawa.kanagawa.jp

公開天文台に行こう

夜空をもっと楽しみたくなったら、天体望遠鏡が欲しくなるかもしれません。でも天体望遠鏡は操作が難しく、また高価なため、少しハードルが高いですね。そんなときは、ぜひ公開天文台へ出かけてみましょう。

公開天文台では、定期的に天体観望会を開いて、一般の人に天体望遠鏡をのぞかせてくれます。今月の見どころの天体を、すでに望遠鏡の視野に入れてくれていますので、あなたはのぞくだけでよいのです。専門家が星空の解説もしてくれます。

日本は、プラネタリウムだけでなく、公開天文台もとても充実しています。400あまりの施設があり、口径1メートル以上の大型望遠鏡をもつ施設だけでも10以上あります。望遠鏡は口径が大きいほど、天体がよりはっきりと見えます。大きな望遠鏡でのぞいた惑星や星雲は、息を飲むほどの美しさです。

兵庫県立西はりま天文台公園のなゆた望遠鏡。口径200cmで、一般の人が直接のぞける望遠鏡としては世界最大。

かわべ天文公園

- 住所 和歌山県日高郡日高川町和佐2107-1
- TEL 0738-53-1120
- 望遠鏡の口径 100cm
- HP http://cosmo.kawabe.or.jp

鳥取市さじアストロパーク

- 住所 鳥取県鳥取市佐治町高山1071-1
- TEL 0858-89-1011
- 望遠鏡の口径 103cm
- HP http://www.saji.city.tottori.lg.jp/saji103

美星天文台

- 住所 岡山県井原市美星町大倉1723-70
- TEL 0866-87-4222
- 望遠鏡の口径 101cm
- HP http://www.bao.go.jp

阿南市科学センター天文館

- 住所 徳島県阿南市那賀川町上福井南川渕8-1
- TEL 0884-42-1600
- 望遠鏡の口径 113cm
- HP http://ananscience.jp/science/tenmonkan/index.htm

南阿蘇ルナ天文台

- 住所 熊本県阿蘇郡南阿蘇村白川1810
- TEL 0967-62-3006
- 望遠鏡の口径 82cm
- HP http://www.via.co.jp/luna

石垣島天文台

- 住所 沖縄県石垣市新川1024-1
- TEL 0980-88-0013
- 望遠鏡の口径 105cm
- HP http://www.nao.ac.jp/ishigaki

※望遠鏡の口径は、その施設がもっている望遠鏡のうち、最大のものです。複数の望遠鏡をもっている施設もあります。

全国の公開天文台

りくべつ宇宙地球科学館「銀河の森天文台」

住所 北海道足寄郡陸別町宇遠別
TEL 0156-27-8100
望遠鏡の口径 115cm
HP http://www.rikubetsu.jp/tenmon

仙台市天文台

住所 宮城県仙台市青葉区錦ケ丘9丁目29-32
TEL 022-391-1300
望遠鏡の口径 130cm
HP http://www.sendai-astro.jp

県立ぐんま天文台

住所 群馬県吾妻郡高山村中山6860-86
TEL 0279-70-5300
望遠鏡の口径 150cm
HP http://www.astron.pref.gunma.jp

国立天文台

住所 東京都三鷹市大沢2-21-1
TEL 0422-34-3600
望遠鏡の口径 50cm
HP http://www.nao.ac.jp

富山市科学博物館附属富山市天文台

住所 富山県富山市三熊49-4
TEL 076-434-9098
望遠鏡の口径 100cm
HP http://www.tsm.toyama.toyama.jp/tao

ディスカバリーパーク焼津 ときめき遊星館

住所 静岡県焼津市田尻2968-1
TEL 054-625-0800
望遠鏡の口径 80cm
HP http://www.discoverypark.jp

綾部市天文館パオ

住所 京都府綾部市里町久田21-8
TEL 0773-42-8080
望遠鏡の口径 95cm
HP http://www.obs.ayabe.kyoto.jp

兵庫県立西はりま天文台公園

住所 兵庫県佐用郡佐用町西河内407-2
TEL 0790-82-0598
望遠鏡の口径 200cm
HP http://www.nhao.jp

姫路市宿泊型児童館「星の子館」

住所 兵庫県姫路市青山1470-24
TEL 079-267-3050
望遠鏡の口径 90cm
HP http://www.city.himeji.lg.jp/hoshinoko

星の動物園 みさと天文台

住所 和歌山県海草郡紀美野町松ヶ峯180
TEL 073-498-0305
望遠鏡の口径 105cm
HP http://www.obs.jp

国立天文台にオープンした「三鷹市 星と森と絵本の家」

国立天文台の構内の森に、大正時代の建物を活用した絵本の家があります。建物は、かつての天文台官舎を、移築再建したものです。星や自然、昔のくらしをテーマに絵本が集められ、家の中にも楽しいしかけが施されています。自然を感じながら木造の家でゆったりとくつろぎ、宇宙や科学への興味も育まれる素敵な空間です。

住所：東京都三鷹市大沢2-21-3 国立天文台内　TEL:0422-39-3401
HP: http://www.city.mitaka.tokyo.jp/ehon

HPで宇宙にくわしくなろう

宇宙についてさらに深く知りたくなったら、本や天文雑誌が頼もしい味方ですが、より手軽に情報を得るには、インターネットがとても便利です。

日本や海外の宇宙関係の機関は、それぞれＨＰをもっており、新しく発見された天体や現象などの情報を、日々更新しています。探査機や天文衛星についての情報も掲載されているので、あの探査機は今頃宇宙のどの辺りを飛んでいるのか、などについても知ることができます。

探査機などが撮影した画像も掲載されているので、驚くほど鮮やかな銀河や惑星などの画像も見ることができます。動画もあるので、自分のパソコンが宇宙につながっているような感動を覚えます。

宇宙について楽しく学べるＨＰもたくさんあるので、アクセスしてみましょう。

〈海外〉公的機関のHP

アメリカ航空宇宙局（NASA）

URL http://www.nasa.gov

NASAの宇宙研究、宇宙開発などのプロジェクトについて紹介。「Multimedia」のページには、画像や映像も掲載されている。ジェット推進研究所の「Photojournal」のページには、主に太陽系について、NASAの探査機などが撮影した画像を掲載。Photojournalのページ→http://photojournal.jpl.nasa.gov

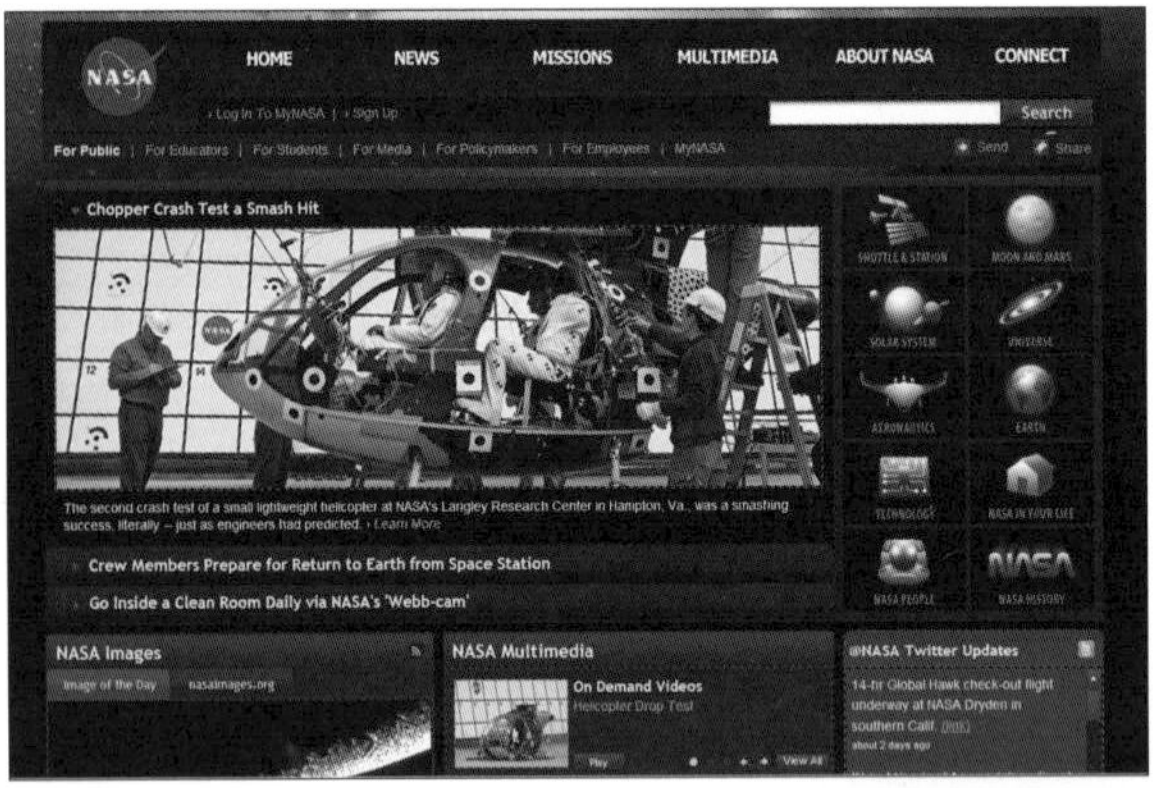

◀NASAのサイトのトップページ。

ハッブル・サイト

URL http://hubblesite.org

ハッブル宇宙望遠鏡のサイト。ハッブルの情報やハッブルが撮影した画像を掲載。

ヨーロッパ宇宙機関（ESA）

URL http://www.esa.int

ヨーロッパ18ヶ国が参加している、ESAのサイト。探査機やロケットなどのプロジェクトを紹介。

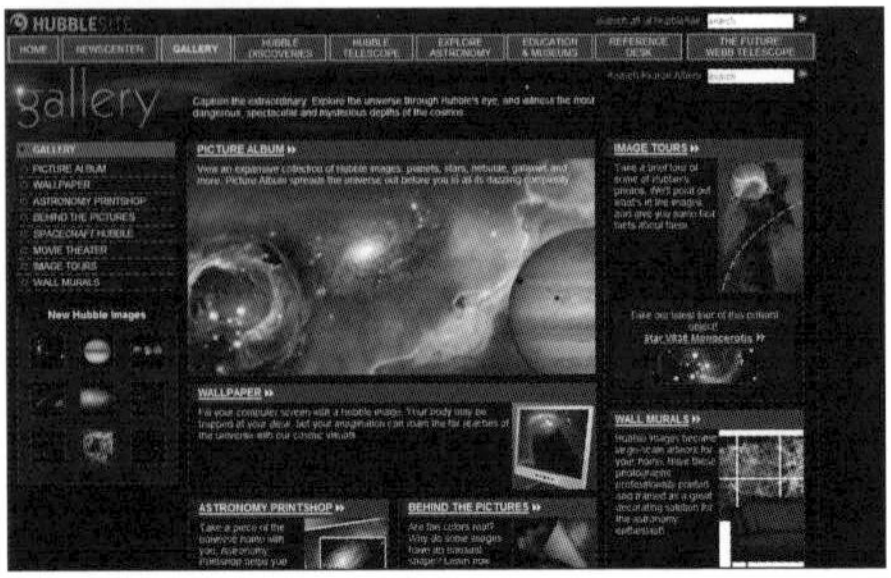

▲ハッブル宇宙望遠鏡の画像が見られる、ハッブル・ギャラリーのページ。

〈日本〉公的機関のHP

自然科学研究機構　国立天文台（NAOJ）

URL http://www.nao.ac.jp

国立天文台の最新の研究成果のほか、観望会などのイベント情報、天体画像なども掲載。パソコン上で地球から宇宙の果てまで行けるソフト「Mitaka（ミタカ）」がダウンロードできる。Mitakaのページ→http://4d2u.nao.ac.jp/html/program/mitaka

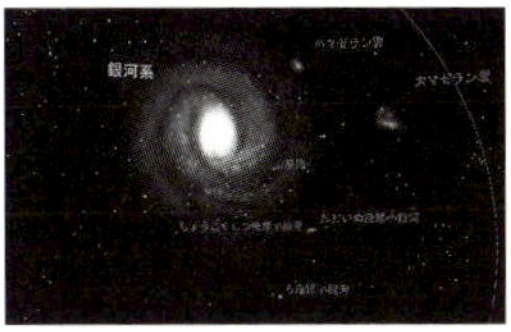

◀「Mitaka」で、銀河系まで行ったところ。

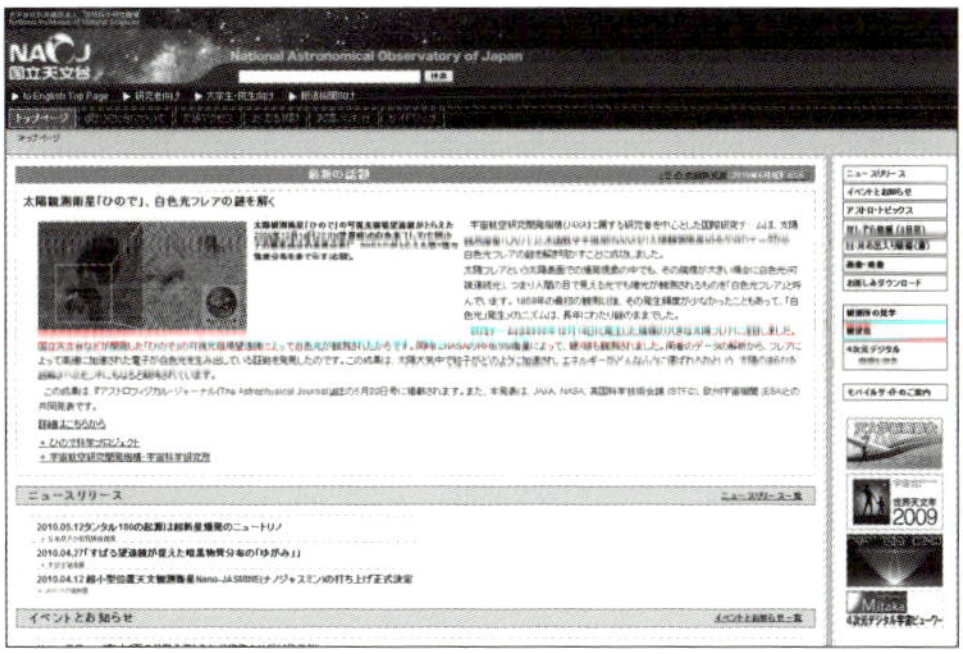

▲国立天文台のサイトのトップページ。

国立天文台ハワイ観測所 すばる望遠鏡

URL http://subarutelescope.org

すばる望遠鏡について学べるほか、すばる望遠鏡で撮影した画像も見られる。

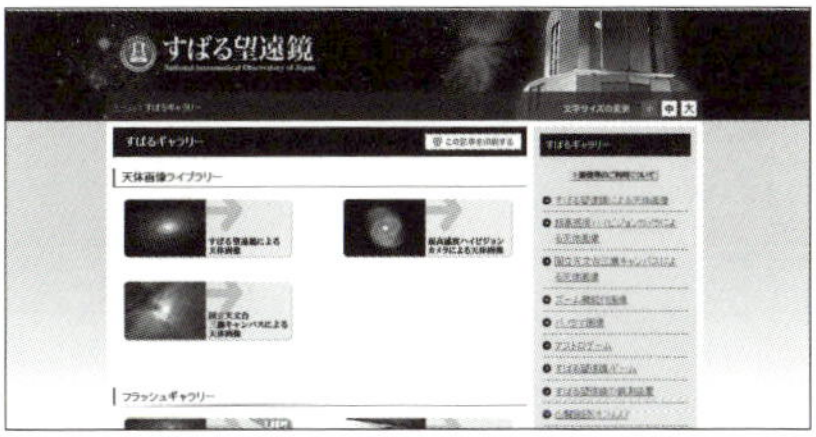

「すばるギャラリー」のページ。

宇宙航空研究開発機構（JAXA）

URL http://www.jaxa.jp

JAXAのロケットや人工衛星、ISSなどのプロジェクトの最新の成果を紹介。

JAXAのサイトのトップページ。

〈日本〉宇宙について学べるHP

科学技術振興機構「この宇宙のこと」

URL http://jvsc.jst.go.jp/universe

惑星や星座などについて、学べる。

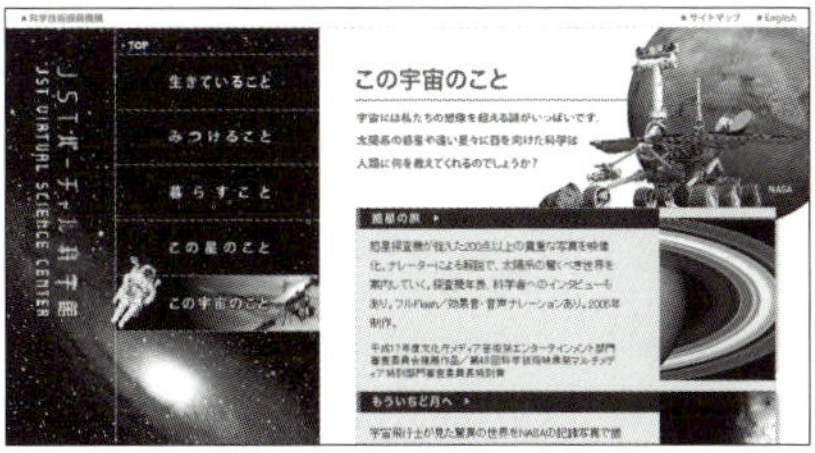

「この宇宙のこと」トップページ。

日本惑星協会

URL http://www.planetary.or.jp

太陽系や宇宙探査について、学べる。

アストロアーツ

URL http://www.astroarts.co.jp

宇宙に関する最新ニュースなどを紹介。

ユニバース

URL http://www.universe-s.com

宇宙についてのリンク集を掲載。

宇宙にまつわる遺跡に出かけよう

古代の人は、星や太陽の動きをどのように考えていたのでしょう。知ることができれば、楽しいですね。世界には、星や太陽の観測に使われたと思われる、古代からの遺跡がたくさん残されています。

古代エジプト文明やインカ文明は、高度な天文の観測技術をもっていました。そのため、ピラミッドの建設にはその知識が存分に使われています。イギリスのストーンヘンジも、天文との関係を指摘されている、巨大建造物のひとつです。石の配列が夏至の日の出・冬至の日の入りの位置に一致するため、古代の天文観測所ではないかといわれています。

ストーンヘンジと同じ、ストーンサークル（環状列石）は、日本でもいくつか発見されています。最大のものが秋田県にある縄文時代の遺跡、大湯環状列石です。縄文人も太陽に注目していたのかもしれませんね。

海外の天文遺跡

世界のあちらこちらに、天文観測の歴史が刻まれている。

イギリス ストーンヘンジ

イギリス南部にある、巨石記念物。紀元前2800～1100年ごろにつくられ、太陽崇拝と関係があるのではないかといわれている。

メキシコ チチェン・イツァーのピラミッド

300～900年ごろに建設された、マヤ文明の遺跡。神殿の四方の階段の数に神殿入り口の1段を足すと、1年を表す365段になる。春分には、神殿の階段に太陽が当たり、影が蛇の神の姿に見える。

エジプト ピラミッド

ギザの三大ピラミッドは、４つの面が東西南北に正確に向いている。クフ王のピラミッドの北壁には、当時の北極星だったりゅう座のツバーンが見える位置に穴があけられたといわれている。

ペルー チャンキロ遺跡

ペルーの砂漠にある、紀元前300年ごろの遺跡。中央に並ぶ13個の塔が、夏至から冬至までの日の出と日の入りの位置を指すといわれている。

インド ジャンタル・マンタル

18世紀にムガール帝国のジャイ・スィン２世は、インド各地に天体観測儀を集めた天文台を５つ建造した。ジャイプルにあるジャンタル・マンタルはその最大のもの。

日本の天文遺跡

環状列石以外にも、太陽や星を描いた星石や
星の運行を描いた天井画など多くの天文遺跡がある。

秋田県 大湯環状列石

鹿角市にある、縄文時代の遺跡。万座、野中堂のふたつの環状列石があり、それぞれの内部に日時計状の組み石がある。ふたつの環状列石の中心と日時計を結んだ線の延長線上が、ほぼ夏至の日に太陽が沈む方角になる。

大湯環状列石の日時計。

山梨県 星石

笛吹市にある、太陽や月、星が刻まれた石碑。星は北斗七星やかんむり座、ハレー彗星を表しているのではないかといわれている。

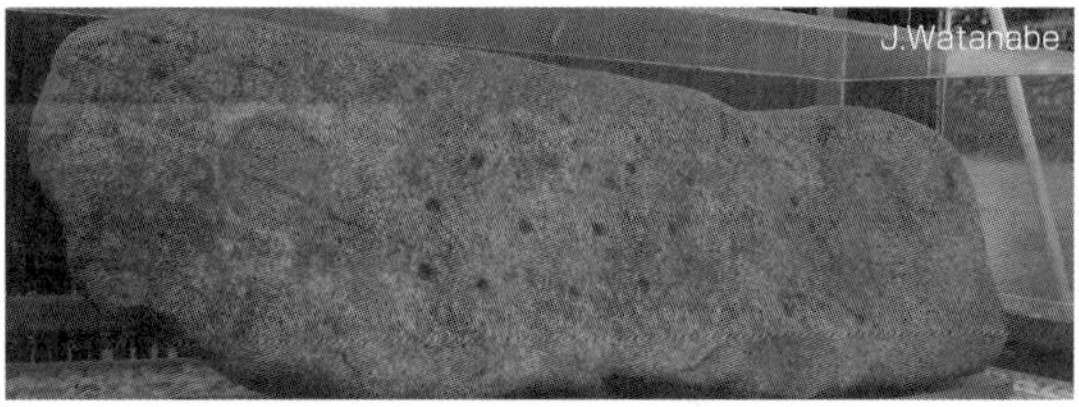

星石。

奈良県 キトラ古墳の星宿図

明日香村にある、7世紀後半〜8世紀初めにつくられた古墳の天井画。星の運行を表す同心円や黄道、天の川、北斗七星、オリオン座などが描かれている。東アジア最古の天文図ともいわれる。

奈良県 酒船石

明日香村にある、7世紀につくられた石造物。円と直線を組み合わせた溝が掘られており、その溝を太陽の観測に使ったとの説もある。

酒船石。

column 7

夜空を記す

●清少納言と藤原定家と星々と

平安時代中期の随筆家、清少納言。彼女は『枕草子』のなかで星についても記しています。「星は　すばる。ひこぼし。ゆふづつ（宵の明星）。よばひ星（流れ星）、すこしをかし」と、プレアデス星団やアルタイル、夕方の金星や流れ星がいいと言っています。

　藤原定家は、鎌倉時代初期に活躍した歌人。その日記『明月記』には、天文に関する記述もたくさんあります。「客星が天関星（おうし座ζ《ゼータ》星）の近くに現れ、大きさは歳星（木星）のようだった」と、1054年の超新星爆発の残骸、おうし座のかに星雲の出現の古い記録を記していることでも注目されています。彼の歌。

「星の影の西にまはるも惜しまれて明けなむとする春の夜の空（星が西に沈むのも惜しまれる。春の夜空は明けようとしている）」と、詠んでいます。きっと、夜明けまで神楽の席か何かにいたのでしょう。

　今から千年も前の人々も、今とはほんの少し違いますけれど、同じ夜空を見ていたのです。

「豊国錦絵集 古今名婦伝 清少納言」
豊国,柳亭種彦（国立国会図書館蔵）

春に見られる天体

★明るい星

名前	星座	実視等級	色	距離(光年)	備考
アルクトゥルス	うしかい座	0.0	オレンジ	37	春の大曲線、春の大三角 p.71, 81
スピカ	おとめ座	1.0	青白	250	春の大曲線、春の大三角 p.81
レグルス	しし座	1.3	青白	79	p.81
ドゥベー	おおぐま座	1.8	オレンジ	120	北斗七星の中で一番明るい星
デネボラ	しし座	2.1	白	36	春の大三角
ポラリス（北極星）	こぐま座	2.0	白	430	p.70

★二重星

名前	星座	実視等級	色	距離(光年)
ミザール/アルコル	おおぐま座	2.2/4.0	青白／青白	86

★星雲

NGC番号	名前	種類	星座	等級※1	距離(光年)
3132	8の字星雲	惑星状星雲	ポンプ座	8.2	3,800

★星団

NGC番号	名前	種類	星座	等級※2	距離(光年)	備考
2632	プレセペ星団 M44	散開星団	かに座	3.7	590	星数 50
—	かみのけ座星団 Mel.111	散開星団	かみのけ座	2.7	280	星数 80
5139	ケンタウルス座ω《オメガ》星団	球状星団	ケンタウルス座	3.7	1万7,000	
5272	M3	球状星団	りょうけん座	6.2	3万4,000	

★銀河

NGC番号	名前	種類	星座	等級(B)	距離(光年)	備考
3031	M81	渦巻銀河	おおぐま座	7.8	1,200万	
4594	ソンブレロ銀河 M104	渦巻銀河	おとめ座	9.3	4,600万	p.99
5194	子持ち銀河 M51	渦巻銀河	りょうけん座	9.0	2,100万	p.99

※1　散光星雲·超新星残骸は等級(V)、惑星状星雲は写真等級を使用。　※2　基本的に実視等級。球状星団は一部写真等級を使用。
等級(V)：主に緑色の光を通すVフィルターを使って測定した等級。　等級(B)：青い光を通すBバンドを使って測定した等級。

夏に見られる天体

★明るい星

名前	星座	実視等級	色	距離(光年)	備考
ベガ	こと座	0.0	青白	25	夏の大三角　p.132, 135
アルタイル	わし座	0.8	青白	17	夏の大三角　p.132, 135
アンタレス	さそり座	1.0v	赤	550	p.67, 81
デネブ	はくちょう座	1.3	青白	1,400	夏の大三角　p.132, 135

★二重星

名前	星座	実視等級	色	距離(光年)	備考
アルビレオ	はくちょう座	3.1 ／ 5.1	オレンジ／青	430	p.87

★星雲

NGC番号	名前	種類	星座	等級※1	距離(光年)
6514	三裂星雲 M20	散光星雲	いて座	9.0	5,600
6523	干潟星雲 M8	散光星雲	いて座	6.0	3,900
6611	わし星雲 M16	散光星雲	へび座	6.4	5,500
6618	オメガ星雲 M17	散光星雲	いて座	7.0	4,200
6720	環状星雲 M57	惑星状星雲	こと座	9.3	2,600
6853	あれい星雲 M27	惑星状星雲	こぎつね座	7.6	820

★星団

NGC番号	名前	種類	星座	等級※2	距離(光年)	備考
6405	M6	散開星団	さそり座	5.3	1,900	星数 50
6475	M7	散開星団	さそり座	3.2	1,200	星数 50
6705	M11	散開星団	たて座	6.3	5,600	星数 200
5904	M5	球状星団	へび座	5.7	2万5,000	
6121	M4	球状星団	さそり座	5.6	7,200	p.135
6205	M13	球状星団	ヘルクレス座	5.8	2万5,000	p.79
6656	M22	球状星団	いて座	5.1	1万400	

秋に見られる天体

★明るい星

名前	星座	実視等級	色	距離(光年)	備考
フォーマルハウト	みなみのうお座	1.2	青白	25	
アルフェラッツ	アンドロメダ座	2.1	青白	97	秋の四辺形
シェダル	カシオペヤ座	2.2	オレンジ	230	
カフ	カシオペヤ座	2.3	白	55	
シェアト	ペガスス座	2.3v	赤	200	秋の四辺形
マルカブ	ペガスス座	2.5	青白	130	秋の四辺形

★星雲

NGC番号	名前	種類	星座	等級※1	距離(光年)
1499	カリフォルニア星雲	散光星雲	ペルセウス座	6.0	2,300
7293	らせん状星雲	惑星状星雲	みずがめ座	6.5	490

★星団

NGC番号	名前	種類	星座	等級※2	距離(光年)	備考
752	—	散開星団	アンドロメダ座	7.0	1,300	星数 60
869	二重星団 h《エイチ》	散開星団	ペルセウス座	4.4	7,200	星数 200
884	二重星団 χ《カイ》	散開星団	ペルセウス座	4.7	7,500	星数 150
1039	M34	散開星団	ペルセウス座	5.5	1,400	星数 60
7078	M15	球状星団	ペガスス座	6.2	3万4,000	
7099	M30	球状星団	やぎ座	6.4	4万1,000	

★銀河

NGC番号	名前	種類	星座	等級(B)	距離(光年)	備考
224	アンドロメダ銀河 M31	渦巻銀河	アンドロメダ座	4.4	230万	p.97, 135
253	—	渦巻銀河	ちょうこくしつ座	8.0	880万	
598	M33	渦巻銀河	さんかく座	6.3	250万	
221	M32	矮小楕円銀河	アンドロメダ座	9.2	230万	M31の伴銀河
205	M110	楕円銀河	アンドロメダ座	8.9	230万	M31の伴銀河

冬に見られる天体

★明るい星

名前	星座	実視等級	色	距離(光年)	備考
シリウス	おおいぬ座	−1.5	青白	8.6	冬の大三角、冬の六角形　p.66, 71, 72
カペラ	ぎょしゃ座	0.1	黄色	43	冬の六角形　p.65
リゲル	オリオン座	0.1	青白	860	冬の六角形　p.81
プロキオン	こいぬ座	0.4	白	11	冬の大三角、冬の六角形　p.81
ベテルギウス	オリオン座	0.4v	赤	500	冬の大三角 p.67, 81, 85
アルデバラン	おうし座	0.8	オレンジ	67	冬の六角形 p.71, 81
ポルックス	ふたご座	1.1	オレンジ	34	冬の六角形
カストル	ふたご座	1.6	青白	51	p.72
ベラトリクス	オリオン座	1.6	青白	250	

★星雲

NGC番号	名前	種類	星座	等級[※1]	距離(光年)	備考
1976-7	オリオン大星雲 M42	散光星雲	オリオン座	4.0	1,500	p.135
2237-38-44-46	ばら星雲	散光星雲	いっかくじゅう座	9.0	4,600	
1952	かに星雲 M1	超新星残骸	おうし座	8.4	7,200	p.85

★星団

NGC番号	名前	種類	星座	実視等級	距離(光年)	備考
1912	M38	散開星団	ぎょしゃ座	7.4	4,300	星数 100
1960	M36	散開星団	ぎょしゃ座	6.3	4,100	星数 60
2099	M37	散開星団	ぎょしゃ座	6.2	4,400	星数 150
2168	M35	散開星団	ふたご座	5.3	2,600	星数 120
2287	M41	散開星団	おおいぬ座	5.0	2,500	星数 50
—	プレアデス星団 M45 (すばる)	散開星団	おうし座	1.4	410	星数 100 p.79, 135
—	ヒアデス星団 Mel.25	散開星団	おうし座	0.8	160	星数 40

南天で見られる天体

★明るい星

名前	星座	実視等級	色	距離(光年)
カノープス	りゅうこつ座	−0.7	白	310
リギル・ケンタウルス	ケンタウルス座	−0.3	黄色	4.3
アケルナル	エリダヌス座	0.5	青	140
ハダル	ケンタウルス座	0.6	青白	390
アクルックス	みなみじゅうじ座	0.8	青白	320
ベクルックス（ミモザ）	みなみじゅうじ座	1.3	青白	280
ガクルックス	みなみじゅうじ座	1.6	赤	89
ピーコック	くじゃく座	1.9	青白	180

★星雲

NGC番号	名前	種類	星座	等級[※1]	距離(光年)
3372	エータ・カリーナ星雲	散光星雲	りゅうこつ座	6.0	3,600

★星団

NGC番号	名前	種類	星座	等級[※2]	距離(光年)	備考
2516	—	散開星団	りゅうこつ座	3.0	4,300	星数 80
3532	—	散開星団	りゅうこつ座	3.3	1,600	星数 150
—	南のプレアデス星団 IC2602	散開星団	りゅうこつ座	1.6	510	星数 60
6752	—	球状星団	くじゃく座	4.6	2万1,000	

★銀河

NGC番号	名前	種類	星座	等級(B)	距離(光年)	備考
—	大マゼラン銀河 LMC	棒渦巻銀河	テーブルさん座	0.6	16万	p.97
—	小マゼラン銀河 SMC	棒渦巻銀河	きょしちょう座	2.8	20万	p.97

電子 …… 109
天動説 …… 118
天王星 …… 32, 34, 54, 58
天王星型惑星 …… 35
天の赤道 …… 71
天の南極 …… 71
天の北極 …… 70
電波銀河 …… 100
電波天文衛星WMAP …… 123
電波望遠鏡 …… 122
テンペル・タットル彗星 …… 62
天文台 …… 144
等級 …… 68
閉じた宇宙 …… 114
土星 …… 32, 34, 50, 52, 58
トリトン …… 56
トロヤ群 …… 45
トンボー …… 60

な

流れ星 …… 32, 62, 138
夏の大三角 …… 135
虹の入江 …… 23
日食 …… 28, 140
ニュートリノ …… 84
ニュートン …… 119
ニューホライゾンズ探査機 …… 125
ネプチューン …… 58

は

パイオニア・ビーナス探査機 …… 39
パイオニア10号 …… 125
パイオニア11号 …… 125
ハウメア …… 45
白色矮星 …… 75, 80, 82
はくちょう座X-1 …… 87
バタフライ星雲 …… 83
ハッブル …… 119
ハッブル宇宙望遠鏡 …… 57, 83, 123
ハデス …… 58
馬頭星雲 …… 77
はやぶさ …… 45
パルサー …… 86
バルジ …… 94, 99
春の大三角 …… 69
晴れの海 …… 23
ハレー …… 71
ハレー彗星 …… 63
ハロー …… 94
伴銀河 …… 96
反射望遠鏡 …… 119
伴星 …… 73
パンドラ …… 53
ハーシェル …… 54, 119
バーナード星 …… 81
ビッグバン …… 108, 112, 119
羊飼い衛星 …… 52, 54
ヒッパルコス …… 68, 71
火の玉宇宙 …… 108
ヒミコ …… 113
開いた宇宙 …… 114
微惑星 …… 60
ビーナス …… 38, 58
フェニックス …… 125
フォボス …… 42
不規則銀河 …… 98
ふたご座流星群 …… 62, 139
プトレマイオス …… 118
部分月食 …… 28
部分日食 …… 28
冬の大三角 …… 67, 135
ブラウン …… 120
ブラックホール ……
75, 86, 94, 100, 123
プラトークレーター …… 23
プラネタリウム …… 142
プルート …… 58
フレア …… 12
プレアデス星団 …… 78, 135
プレート …… 16
プロキオン …… 81
プロキシマ …… 66, 81
プロミネンス …… 12, 28
プロメテウス …… 53
分子雲 …… 75
ベガ …… 71, 81, 132
ベテルギウス …… 67, 81, 85
ヘリウム3 …… 26
ペルセウス座流星群 …… 62, 138
ヘルツシュプルング・ラッセル図
…… 80
ヘルメス …… 58
変光星 …… 72
ペンシルロケット …… 121
ヘール・ボップ彗星 …… 63
ボイジャー …… 50
ボイジャー1号 …… 48, 125
ボイジャー2号 …… 54, 57, 124
ボイド …… 104
棒渦巻銀河 …… 98
ほうき星 …… 60
棒構造 …… 94
放射層 …… 11, 12
放射点 …… 139
北斗七星 …… 71
星の誕生 …… 113
星まつり …… 133
ポセイドン …… 58
ポーラーリング銀河 …… 98

ま

マアト山 …… 39
マグマ・オーシャン …… 16
マケマケ …… 45
マゼラン探査機 …… 124
マリナー4号 …… 42
マリナー10号 …… 36, 124
マリネリス渓谷 …… 40
満潮 …… 24
マントル …… 16
マーキュリー …… 58
マーキュリー宇宙船 …… 120
マース …… 58
見かけの等級 …… 69
見かけの二重星 …… 73
神酒の海 …… 23
三つ星 …… 77, 135
脈動変光星 …… 72
ミラ …… 72
ミランダ …… 55
ミール …… 121
冥王星 …… 45, 58, 60
メッセンジャー探査機 …… 37, 124
木星 …… 33, 34, 46, 48, 58
木星型惑星 …… 35
モスクワの海 …… 22

や

豊かの海 …… 23
ユリウス暦 …… 118
宵の明星 …… 38
陽子 …… 109

ら

ラグランジュ点 …… 123
リゲル …… 81
流星 …… 62
流星群 …… 62, 138
レグルス …… 81
レンズ状銀河 …… 98
連星 …… 72, 86
六分儀 …… 118

わ

環 …… 47, 50, 54, 56
惑星 ……
32, 34, 45, 58, 66, 92, 124
惑星状星雲 …… 75, 82

銀河分布図 105
金環日食 28
金星 33, 34, 38, 58, 69
クエーサー 100
クォーク 109
屈折望遠鏡 119
雲の海 23
グリニッジ天文台 71
クレーター 22, 36, 48
グレート・ウォール 104
クロノス 58
系外惑星 123
系外惑星探査衛星ケプラー 123
激変星 73
月食 28, 140
月面基地 128
ケプラー 119
ケレス 44
原子核 109
原始銀河 97
原始星 75, 76
原始生命 18
原始大気 16
原始太陽 34
原始惑星 35
ケンタウルス座α星 66, 81
光学望遠鏡 122
光球 10
豪奢の湖 22
恒星 45, 46, 66, 70, 75, 76, 82, 92
恒星質量ブラックホール 86
公転 21, 24
公転軌道 33
氷の海 23
氷惑星 34
国際宇宙ステーション 121, 126
国際天文学連合 44, 70
黒色矮星 75, 82
黒点 12
小柴昌俊 84
ゴダード 120
コペルニクス 119
コペルニクスクレーター 23
五芒星 59
子持ち銀河 98
暦 118
コロナ 10, 28
コロナホール 10
コンパス座銀河 101
コーディリア 54

さ

彩層 10, 12
才知の海 22
サターン 58
サターン5号 121
佐藤勝彦 119
散開星団 78
散光星雲 76
ジェット 76
神舟5号 121
磁気圏 15
しし座流星群 62
静かの海 23
自転 20, 24
磁場 12, 14
しぶんぎ座流星群 62
湿りの海 23
ジャイアント・インパクト説 22
主系列星 74, 80, 82
主星 73
ジュピター 46, 58
準惑星 45, 60
シューメーカー・レビー第9彗星 46
小マゼラン銀河 96
小惑星 32, 42, 44
小惑星帯 44
食変光星 73
触角銀河 98
シリウス 66, 69, 71, 72
シリウスB 81
磁力線 14
水星 33, 34, 36, 58
彗星 32, 45, 60, 62
スターバースト銀河 100
スノーボール・アース 16, 19
すばる 78, 135
すばる望遠鏡 110, 113, 122
スピカ 81
スプートニク1号 120
スペースシャトル 121, 126
スローン・デジタル・スカイ・サーベイ 104
星雲 76, 92
星間ガス 75
星間分子雲 35
星座 66, 70
星座の誕生 118
星座早見 135
青色巨星 74, 80
青色超巨星 81
セイファート銀河 100
生命誕生 18
ゼウス 46, 49, 58
赤外線天文衛星ハーシェル 123
赤色巨星 74, 80, 82, 84
赤色超巨星 74, 80
赤色矮星 80
絶対等級 68
セドナ 61
全地球凍結現象 16
相対性理論 119
ソユーズ 126
素粒子 84, 109, 112
ソンブレロ銀河 98

た

太陰太陽暦 25, 137
大赤斑 46
タイタン 45, 52, 125
ダイナモ運動 14
大マゼラン銀河 84, 96
ダイモス 42
太陽 10-15, 32, 45, 66, 71, 75, 78, 80
太陽系 32-35, 90, 94, 124
太陽系外縁天体 45, 60
太陽系小天体 45
太陽向点 71
太陽風 12, 14, 26
太陽暦 118
平らな宇宙 114
対流層 11, 12
楕円銀河 98, 100
田毎の月 30
多重連星 72
ダークエネルギー 114
ダークマター 114
地球 16-21, 33, 34, 58, 90
地球外生命 130
地球外知的生命 129
地球型惑星 35
地磁気 88
地動説 48, 119
中間質量ブラックホール 86
中心核 11
中性子 109
中性子星 74, 86
超銀河団 102, 104
超新星残骸 75, 85
超新星爆発 74, 84, 86
ツィオルコフスキー 120
ツィオルコフスキークレーター 22
月 20-30, 45, 59, 69, 136
ディオーネ 53
ティコクレーター 23
ティタニア 55
デネブ 81
テラフォーミング計画 42

さくいん

ALMAアルマ望遠鏡 ……… 128
GBTグリーンバンク電波望遠鏡 ……… 122
H-ⅡAロケット ……… 121
H-ⅡBロケット ……… 121
HE0450-2958 ……… 101
HR 図 ……… 80
IAU ……… 44
IKAROS ……… 129
ISS ……… 126
JWST ジェームズ・ウェッブ宇宙望遠鏡 ……… 129
LMC ……… 97
M1 ……… 84
M4 ……… 135
M13 ……… 78
M31 ……… 97, 135
M42 ……… 135
M45 ……… 78, 135
M51 ……… 99
M59 ……… 98
M82 ……… 101
M104 ……… 99
Mz3 ……… 83
NGC1300 ……… 99
NGC1333 ……… 77
NGC1427A ……… 98
NGC4038/4039 ……… 99
NGC4650A ……… 99
NGC5128 ……… 101
NGC5866 ……… 98
NGC6302 ……… 83
NGC6543 ……… 83
NGC7662 ……… 83
SETI ……… 129
SDSS ……… 104
SMC ……… 97
SN1987A ……… 85
TMT30m望遠鏡 ……… 128
V2ロケット ……… 120
V838 ……… 73
VSSエンタープライズ ……… 129
X線 ……… 86
X線天文衛星すざく ……… 123

あ

アインシュタイン ……… 119
青い雪玉星雲 ……… 83
あかつき探査機 ……… 124
明けの明星 ……… 38
アフロディテ ……… 58
アポロクレーター ……… 22
アポロ計画 ……… 121
アポロ11号 ……… 120
天の川 ……… 92, 105
天の川銀河 ……… 90, 92
雨の海 ……… 23
嵐の大洋 ……… 23
アリスタルコスクレーター ……… 23
あり星雲 ……… 83
アルキオーネ ……… 78
アルクトゥルス ……… 71, 81
アルタイル ……… 81
アルデバラン ……… 71, 81
アルテミス ……… 59
アレス ……… 58
泡宇宙 ……… 104
泡構造 ……… 104
暗黒星雲 ……… 76
アンタレス ……… 81
アンドロメダ銀河 ……… 96, 98, 135
アース ……… 58
イオ ……… 48
イカロス ……… 129
イトカワ ……… 45
糸川英夫 ……… 45, 121
隕石 ……… 22, 64
インフレーション ……… 108, 112
インフレーション理論 ……… 119
陰陽五行説 ……… 58
ウォストーク1号 ……… 120
渦巻銀河 ……… 97, 98, 100
宇宙線 ……… 14
宇宙誕生 ……… 108, 112
宇宙の暗黒時代 ……… 113
宇宙の大規模構造 ……… 91
宇宙の地図 ……… 104
宇宙の晴れ上がり ……… 109, 112, 123
宇宙の膨張 ……… 119
宇宙背景放射 ……… 110
ウラヌス ……… 58
ウラノス ……… 54, 58
ウンブリエル ……… 55
エアリエル ……… 55
衛星 ……… 32, 34, 45, 48, 52
エイトケン盆地 ……… 22
エウロパ ……… 47, 48
エリス ……… 45, 60
エルクロス ……… 121
エンケラドス ……… 52
おとめ座超銀河団 ……… 102
オフィーリア ……… 54
オベロン ……… 55
オポチュニティ ……… 125
オリオン座 ……… 77, 85
オリオン大星雲 ……… 135
オリンポス山 ……… 40
温室効果 ……… 38
温室効果ガス ……… 16, 42
オーロラ ……… 14

か

ガイア ……… 58
海王星 ……… 32, 34, 56, 58
外核 ……… 14
皆既月食 ……… 28
皆既日食 ……… 28
ガガーリン ……… 120
客星 ……… 84
かぐや ……… 27, 121
核融合 ……… 12, 66, 76, 82
火山 ……… 40, 48, 56
渦状腕 ……… 99
カストル ……… 72
ガス惑星 ……… 34
火星 ……… 33, 34, 40, 42, 58
火星人 ……… 42
加速膨張する宇宙 ……… 115
褐色矮星 ……… 74
カッシーニ ……… 50, 53, 125
活動銀河 ……… 100
かに星雲 ……… 84
ガニメデ ……… 45, 48, 52
カミオカンデ ……… 84
ガモフ ……… 119
カリスト ……… 48
ガリレオ ……… 48, 118, 122
ガリレオ衛星 ……… 48
岩石惑星 ……… 34
干潮 ……… 24
カンブリア紀 ……… 18
危機の海 ……… 23
季節 ……… 20
きぼう ……… 127
キャッツアイ星雲 ……… 83
球状星団 ……… 78, 94, 135
旧暦 ……… 25, 137
恐竜 ……… 64
局部銀河群 ……… 90, 102
局部超銀河団 ……… 91, 102
銀河 ……… 92, 96-105, 111
銀河円盤 ……… 94
銀河群 ……… 102
銀河系 ……… 34, 90-97
銀河系の地図 ……… 119
銀河団 ……… 102
銀河鉄道の夜 ……… 106

画像クレジット

p.7　銀河団の衝突 ： X-ray (NASA/CXC/IfA/C. Ma et al.); Optical (NASA/STScI/IfA/C. Ma et al.)

p.17　現在の地球 ： NASA Goddard Space Flight Center Image by Reto Stöckli (land surface, shallow water, clouds). Enhancements by Robert Simmon (ocean color, compositing, 3D globes, animation). Data and technical support: MODIS Land Group; MODIS Science Data Support Team; MODIS Atmosphere Group; MODIS Ocean Group Additional data: USGS EROS Data Center (topography); USGS Terrestrial Remote Sensing Flagstaff Field Center (Antarctica); Defense Meteorological Satellite Program (city lights).

p.37　水星、水星のクレーター：NASA/Johns Hopkins University Applied Physics Laboratory/Carnegie Institution of Washington

p.45　ケレス：NASA, ESA, J. Parker (Southwest Research Institute), P. Thomas (Cornell University), L. McFadden (University of Maryland, College Park), and M. Mutchler and Z. Levay (STScI)

p.47　変化する渦 ： NASA, ESA, A. Simon-Miller (Goddard Space Flight Center), N. Chanover (New Mexico State University), and G. Orton (Jet Propulsion Laboratory)

p.57　海王星の表面の変化 ： NASA, L. Sromovsky, and P. Fry (University of Wisconsin-Madison)

p.77　馬頭星雲（中央の画像） ： T.A.Rector (NOAO/AURA/NSF) and Hubble Heritage Team (STScI/AURA/NASA)

p.101　クエーサー：NASA, ESA, ESO, Frédéric Courbin (Ecole Polytechnique Federale de Lausanne, Switzerland) & Pierre Magain (Universite de Liege, Belgium)

p.101　セイファート銀河 ： NASA, Andrew S. Wilson (University of Maryland); Patrick L. Shopbell (Caltech); Chris Simpson (Subaru Telescope); Thaisa Storchi-Bergmann and F. K. B. Barbosa (UFRGS, Brazil); and Martin J. Ward (University of Leicester, U.K.)

p.103　銀河団 ： NASA, N. Benitez (JHU), T. Broadhurst (The Hebrew University), H. Ford (JHU), M. Clampin(STScI), G. Hartig (STScI), G. Illingworth (UCO/Lick Observatory), the ACS Science Team and ESA

p.105　銀河団 ： NASA, Andrew Fruchter and the ERO Team [Sylvia Baggett (STScI), Richard Hook (ST-ECF), Zoltan Levay (STScI)] (STScI)

p.105　SDSSによる宇宙の地図 ： Michael Blanton and Sloan Digital Sky Survey (SDSS) Collaboration, http://www.sdss.org

p.124　メッセンジャー ： NASA/Johns Hopkins University Applied Physics Laboratory / Carnegie Institution of Washington

p.125　フェニックスが発見した氷 ： NASA/JPL-Caltech/University of Arizona/Texas A&M University

p.125　ニューホライゾンズ探査機 ： Johns Hopkins University Applied Physics Laboratory/Southwest Research Institute (JHUAPL/SwRI)

参考文献

『理科年表　平成22年』国立天文台編　丸善

『天文年鑑　2010年版』天文年鑑編集委員会編　誠文堂新光社

『星の地図館　太陽系大地図』渡部潤一ほか著　小学館

『夜空からはじまる天文学入門』渡部潤一著　化学同人

『ガリレオがひらいた宇宙のとびら』渡部潤一著　旬報社

『イラスト図解　天体』渡部潤一監修　日東書院本社

『カラー版　徹底図解　宇宙のしくみ』渡部潤一監修　新星出版社

『太陽系惑星の謎を解く』池内 了監修　渡部好恵著　C＆R研究所

『星と宇宙の通になる本』渡部好恵・渡部潤一著　オーエス出版社

『藤井 旭の天体観測入門　月・太陽・惑星・彗星・流れ星の見かたがわかる本』藤井 旭著　誠文堂新光社

『惑星地質学』宮本英昭ほか編　東京大学出版会

『宇宙の歩き方』林 公代著　ランダムハウス講談社

『Newton別冊　星空の不思議136のQ＆A』渡部潤一著　ニュートンプレス

『Newton別冊　宇宙に強くなる100のキーワード』渡部潤一監修　ニュートンプレス

『大人の科学マガジン別冊　決定版　ロケットと宇宙開発』大人の科学マガジン編集部編　学習研究社

『ポプラディア情報館　宇宙』渡部潤一監修　ポプラ社

『小学館の図鑑NEO　宇宙』池内 了ほか著　小学館

『小学館の図鑑NEO　星と星座』渡部潤一ほか著　小学館

監修：渡部潤一（わたなべ　じゅんいち）

国立天文台准教授。理学博士。1960年福島県生まれ。東京大学東京天文台を経て、現在、国立天文台天文情報センター広報室長、総合研究大学院大学准教授。彗星研究のかたわら、メディア出演や執筆を通して最新の天文学を分かりやすく伝えている。2006年国際天文学連合「惑星定義委員会」の一員として、冥王星を準惑星にする原案策定に参加。『夜空からはじまる天文学入門』（化学同人）など著書多数。

渡部好恵（わたなべ　よしえ）

サイエンスライター。神奈川県横浜市生まれ。東レ基礎研究所、蛋白工学研究所を経て、現職。子どもの頃から星や宇宙に憧れ、同好会などを設立。その知識と経験を生かし、天文雑誌やウェブサイトなどで執筆活動を行っており、宇宙の魅力を易しく語ることにかけては定評がある。著書に『星と宇宙の通になる本』（渡部潤一との共著　オーエス出版）、『太陽系惑星の謎を解く』（池内 了監修　C&R研究所）がある。

装丁　石川直美（カメガイ デザイン オフィス）
編集協力　三谷英生・野見山ふみこ（ネイチャー・プロ編集室）
構成　深須祐子
イラスト　藤井旭・木下慎一郎・マカベアキオ
本文デザイン　鷹觜麻衣子
編集　鈴木恵美（幻冬舎）

知識ゼロからの宇宙入門

2010年７月10日　第１刷発行
2016年２月10日　第３刷発行

監修者　渡部潤一
発行人　見城　徹
編集人　福島広司

発行所　株式会社 幻冬舎
〒151-0051　東京都渋谷区千駄ヶ谷4-9-7
電話　03-5411-6211（編集）　03-5411-6222（営業）
振替　00120-8-767643
印刷・製本所　株式会社 光邦

検印廃止

ISBN978-4-344-90192-6 C2076
Printed in Japan
幻冬舎ホームページアドレス　http://www.gentosha.co.jp/
この本に関するご意見・ご感想をメールでお寄せいただく場合は、comment@gentosha.co.jpまで。